KB207115

신 임산공학 개론(I)

新 林産工學 槪論(I)

신 임산공학 개론 新 林山工學槪論

지은이 | 이병근
펴낸곳 | 영남대학교 출판부
초판발행 | 2005년 10월 25일
초판2쇄 | 2011년 1월 20일
등록일 | 1975년 9월 5일 경산 제16-1호
주소 | 경북 경산시 대동 214-1
전화 | (053) 810 - 1801~4
FAX | (053) 810-4722
가격 | 10,000 원

ISBN | 89-7581-239-193520

신 임산공학 개론(I)

新 林産工學 概論(I)

이병근 지음

영남대학교출판부

서문

최근 미국의 우주선이 화성에 착륙하여, 여러 지질학적 탐사를 통해 물의 존재를 확인하였다는 보도를 접하면서, 옛날 그리스의 아리스토텔레스를 비롯한 많은 자연 과학자들이 이 우주의 근원은 물水이라고 주장한 학설이 다시 한번 생각난다.

아리스토텔레스 이후 이 지구상의 자연과학은 불과 2000년이 지나지 않은 현재, 그 당시 자연과학자들이나 인문과학자들이 감히 상상할 수 없을 정도의 물질문명 및 자연과학의 발달로 이 시대를 살아가는 현대인으로서 이제 인간의 새로운 물질문명과 자연과학의 발달은 그 한계에 도달하지 않았나하는 생각을 불러일으킬 수준이라 생각된다.

이러한 자연과학의 발달은 이 지구와 지구상에 살아가는 인간에게 항상 이롭거나 긍정적인 측면만 부여한 것이 아니라, 여러 부작용 또는 폐해현상을 불러온 것은 부정할 수 없는 현실이 되고 있다. 즉 이 지구의 온난화 현상이나, 대기권 오존(O_3)층의 파괴, 수질과 공기의 오염현상은 날이 갈수록 심각해지는 현실은 현대를 살아가는 우리들에게 공포와 불안감을 불러일으키기에 충분한 수준에 도달하였다고 생각한다.

현실은, 세계 곳곳의 갑작스런 기후의 변화 즉 전혀 예상치 못한 곳에서의 가뭄과 홍수가 발생하는 현상이나, 암을 비롯해 지금까지 경험하지 못했던 그리고 아직 밝혀지지 못한 각종 질병들 등 새로운 자연현상의 변화를 어떻게 극복하며 대처하느냐하는 심각한 숙제를 우리에게 안겨주고 있다.

전 세계적인 산림자원에 의한 녹화산업을 통해 지금까지 산림과학의 발달과 발전을 위해 노력해 왔다고 자처하는 전문가의 입장이 아니더라도, 이 지구상에 살아가는 평범한 인간이 몇 십년동안 이 현실을 경험하고 고민하면서 얻은 결론은 결국 산림과학의 발달과 발전만이 지금까지 언급한 문제를 해결하는 방안이 되지 않을까 해서 본서를 출간하게 되었다.

지금까지의 자연과학의 발달은 지구환경을 파괴하는 주범이 되어 대기권의 오존(O_3)층을 파괴하여 어마어마한 태양열이 지구토양에 내리쬐는 결과를 가져왔으며 그 결과 지구의 온난화 현상은 가속이 붙어 남극과 북극의 빙하가 녹아내리기 시작하게 되었고 해수면의 상승은 지역에 따라 홍수와 가뭄을 촉발시켰다. 또한 공기의 오염은 점점 심각해져가는 현실이 되었고 지구의 황폐화 현상은 지구촌 도처에서 여러 가지 재앙으로 우리에게 다가오는 현실을 절감하게 되었다. 이러한 재앙의 확산을 막고 방지하기 위해서는 무엇보다 우선 되어야 할 대책은 산림과학의 올바른 방향설정과 발달이라고 필자는 생각하게 되었다. 이 산림과학의 발달만이 유일하게 더 많은 산소를 생산하여 오존층의 두께를 더욱 살찌게 함으로써, 지구 온난화 현상을 막아줄 수 있기 때문이다. 또한 대기의 정화를 통해 공기와 물의 오염을 막아주는 것이 이 지구의 자연회복을 이루는 유일한 길이라 생각한다. 따라서 본서本書가 산림과학에 관심을 가지는 독자에게는 물론, 이 학문을 전공하려는 후학들에게 조금이나마 보탬이 되고 길잡이가 된다면 더 이상 바랄 것이 없다. 이것이 이 책의 발간 이유이자 목적이다. 또한 본서本書에서는 학생들에게 목질물질(Lignocellulosic Biomass)의 산업적 이용에 관한 강의를 통해 지금까지의 임산공학林山工學적 테두리를 벗어나 석유자원의 고갈에 대비하여 유일한 대체자원으로서의 목질 물질의 가능성을 점검해 보았다.

본서를 출감함에 있어 물심양면으로 도와주신 영남대학교 출판부장이셨던 강건우 교수님을 비롯한 관계제위, 본서의 편집에 처음부터 끝까지 관여한 영남대학교 산림자원학과 조교인 김대구군, 본 저자의 연구실 연구조원인 안우진군과 서혜란양 및 이혜진양에게 감사의 말을 전한다.

2005. 10. 1 아침

경북 경산시 남산면 하대리 골짜기에서 저자 씀.

차례

서문

제1장 산림자원山林資源 · 13

제1절 산림자원山林資源의 개념 · 13
1.1 산림山林의 개념 · 13
(1) 학술적 개념 · 13
(2) 분류적 개념 · 13
1.2 산림자원山林資源의 개념 · 14

제2절 산림자원山林資源의 개발 · 15
2.1 고대 및 봉건시대의 임업林業과 산림정책 · 15
(1) 고대 인류와 산림 · 15
(2) 봉건사회의 임업林業과 산림정책 · 15
2.2 8 · 15해방 이전의 임업林業과 산림정책 · 18
2.3 8 · 15해방 이후의 임업林業과 산림정책 · 19
(1) 8 · 15해방 이후 · 19
(2) 5 · 16혁명 이후 · 20
(3) 1980년대 이후 현재까지 · 21

제3절 목재자원木材資源 이용사利用史 · 22
3.1 우리나라 목재자원木材資源의 이용사利用史 · 22
(1) 목재의 단순 가공시대(8 · 15해방 이전) · 22
(2) 목재의 물리적 가공시대(8 · 15해방 이후) · 23
3.2 서방의 목재자원木材資源 이용사利用史 · 24

제2장 목재자원木材資源의 1차산업(목재자원木材資源의 물리적 가공산업) · 25

제1절 목재자원木材資源의 물리적 가공산업(Sawmill산업) · 26

제2절 목재자원木材資源의 물리-화학적 가공산업 · 26
2.1 단판單板(Veneer)및 합판合板(Plywood)산업 · 26
(1) 단판單板(Veneer) · 27
(2) 합판合板(Plywood) · 28
2.2 섬유판纖維板제조산업 · 32
(1) 섬유판纖維板의 개요 · 32
(2) 섬유판纖維板의 분류 · 32
(3) 중밀도中密度 섬유판과 중밀도重密度 섬유판 · 33
2.3 기타 목질판상木質板狀 제품 · 36
(1) 집성목集成木(CompositeWood) · 36
(2) 파티클보드(Particleboard) · 37
(3) LVL(Laminated Veneer Lumber) · 38
(4) 마루재 · 39
(5) Compreg Wood · 48

☺ 토론 ISSUES · 49
참고문헌 · 50

제3장 목재자원의 2차산업(목재자원의 화학공업 산업) · 55

제1절 목질재료木質材料의 물리-화학적 구조 · 55
1.1 목질재료木質材料의 물리적 구조 · 55

(1) 목질재료木質材料의 해부학적 구조의 특징 · 55
(2) 목질재료木質材料의 물리적 성질 · 56
1.2 목질재료木質材料의 화학적 구조 · 57
(1) 목질재료木質材料의 원소조성 · 57
(2) Cellulose(섬유소) · 58
(3) Hemicellulose · 59
(4) Lignin · 59
(5) 추출성분(Extractives) · 60

제2절 목재자원의 화학공학적 응용과 산업 · 61
2.1 셀룰로오즈의 물리 화학적 성질 · 62
(1) 셀룰로오즈의 물리적 성질 · 63
(2) 셀룰로오즈의 화학적 성질 · 64
2.2 증해공업蒸解工業(Pulping process) · 65
(1) 펄프(Pulp)의 정의 · 65
(2) 펄프(Pulp)산업 · 66
2.3 제지공업製紙工業 · 71
(1) 제지(Paper making) · 71
(2) 제지공정(Paper making process) · 72
(3) 종이의 종류에 따른 제조공정도 · 78
(4) 그림으로 본 종이의 제조공정도 · 79
(5) 제지산업 · 80
(6) 한지韓紙 생산공정도 · 82
2.4 목재화학공업 · 85
(1) 목재화학공업의 분류 · 85
(2) Glucose화학공업 · 89
(3) 셀룰로오즈 유도체 화학공업 · 90

2.5 헤미셀룰로오즈(Hemicellulose)화학공업 · 106
(1) 헤미셀룰로오즈 단당류單糖類 · 106
(2) 헤미셀룰로오즈로부터 생산되는 화학제품 · 108
2.6 리그닌(Lignin)화학공업 · 110
(1) 리그닌(lignin)화학공업의 분류 · 110
(2) 바닐린(vanillin)과 관련제품 · 112
(3) 페놀성 화합물 · 114
(4) 기타 리그닌(lignin)화학공업 제품 · 114
2.7 목재의 가수분해加水分解(Hydrolysis) · 118
(1) 셀룰로오즈(cellulose)의 가수분해加水分解 · 118
(2) 헤미셀룰로오즈(hemicellulose)의 가수분해加水分解 · 119
(3) 리그닌(lignin)의 가수분해加水分解 · 120

토론 ISSUES · 121
참고문헌 · 122

제4장 목재자원의 3차산업(21세기 목재산업) · 128

제1절 환경임업사업 · 129
1.1 교토의정서 발효 · 129
1.2 피톤치드(phytoncide) 발산 · 130
1.3 환경오염 방지책 · 132

제2절 산림보호사업 · 133
2.1 사방사업砂防事業 · 133
2.2 병충해病蟲害 방지사업 · 135

제3절 산림휴양산업山林休養産業 · 137

제4절 21세기형 목재 추출물 산업 · 139
(1) 탄닌류(tannins) · 139
(2) 리그난류(lignans) · 140
(3) 수지류(resins) · 141
(4) 테르펜과 테르페노이드류(terpenes and terpenoids) · 141
(5) 플라보노이드류(flavonoids) · 142
(6) 터펜타인(turpentine) · 142
(7) 톨유(tall oil) · 143
(8) 21세기世紀와 목재추출물木材抽出物 · 143

제5절 21세기형 리그닌(Lignin) 이용산업 · 144
5.1 크라프트폐액廢液 리그닌의 응용 · 146
(1) 화학공업용 리그닌 제품 · 146
(2) 탄화수소계炭化水素系제품 · 147
5.2 아황산 폐액리그닌의 응용 · 150
(1) 리그노 설폰산의 이용 · 150
(2) 고분자계高分子系제품 · 151
(3) 특수접착제 제조 · 153
(4) 생분해성生分解性 나일론 합성 · 153
(5) 항암제抗癌劑 개발 · 155

제6절 목재자원의 유전자 변형산업 · 156

제7절 목질자원(Lignocellulosic Biomass Resources) 의 석유 대체자원 산업 · 159
7.1 바이오매스(Biomass)에너지 변환 시스템 · 159

(1) 특징 · 159
(2) 분류 · 160
7.2 BT(Bio-Technology)이용기술 · 161
(1) BT(bio-technology)의 개념 · 161
(2) 바이오매스(biomass)의 BT산업 · 161
7.3 목질 바이오 매스의 대체 연료 가스화(Syngas Production Process)산업 · 162
(1) 바이오매스의 열분해반응 · 162
(2) 가스화 이론 · 164
(3) 가스화 장치 · 168
7.4 목질 바이오매스(Lignocellulosic Biomass)의 효소 및 미생물에 의한 분해 · 179
(1) 셀룰로오즈로부터 에틸알콜(C_2H_5OH)로의 변환 Technology · 180
(2) 셀룰로오즈로부터 Glucose로의 변환 Technology · 181
(3) Glucose로부터 에틸알콜로의 변환 Technology · 183
7.5 목질 바이오매스(Lignocellulosic Biomass)의 대체 석유화 (Alternative Oil Production)산업 · 185
(1) 탈脫-산소,수소첨가 반응(deoxyhydrogenation reaction) · 185
(2) 바이오오일(bio-oil) 변환 Technology · 186

제8절 21세기와 목재산업 · 190

☺ 토론 ISSUES · 192
참고문헌 · 193
찾아보기 · 198

제1장 산림자원

제1절 산림자원山林資源의 개념

1.1 산림山林의 개념

일반적으로 산山에서 자라나는 다년생 또는 수십 수백년생의 식물을 포함하여 그 식물이 자라는 토지를 합하여 산림山林 또는 삼림森林이라한다.

(1) 학술적 개념

산림은 산림수목이 지배적 식생을 이루고 있는 토지를 뜻하며, 산림목이라 함은 성목이 되었을 때 수고가 3m이상이 되는 목본식물木本植物을 말한다.

(2) 분류적 개념

산림은 다음 학설에 의하여 정의되고 있다.

1)지적설地籍說 : 임목의 유무나 용도 등에 관계없이 지적도에 지목산림으로 되어 있으면 전부 산림으로 간주하는 형식적인 개념이다.

2)목적설目的說 : 임목 · 죽竹을 육성하기로 결정한 토지를 말하며, 현 임목 · 죽의 유무와는 무관하다.

3)임총설林叢說 : 현실적으로 임목이 총생叢生하고 있는 토지만을 산림으로 간주하므로 벌채적지伐採跡地는 산림에서 제외되고, 작은 면적의 고목상태의 토지도 산림에 포함되는 불합리한 점이 생긴다.

우리나라 산림법에서 정한 산림의 정의는 다음과 같다.

1)집단적으로 생육하고 있는 임목 · 죽과 그 토지

2)임목 · 죽의 생육에 사용하게 된 토지

3)집단적으로 생육한 임목 · 죽이 일시 상실된 토지

4)임도林道

5)1)과 2)내에 있는 암석지 · 소택지

우리나라의 산림법에서 정의한 산림의 내용은 임총설과 목적설을 절충한 것이다. 그러나 농경지, 주택지, 도로의 토지와 임목, 과수원, 다포茶圃, 양수원養樹園, 임목이 자라고 있는 건물 울타리 안의 토지, 논밭두렁의 임목 등은 산림에서 제외되고 있다. 반면 산림의 개념에서 산림이라고 볼 수 없는 산의 암석지와 소택지도 산림에 포함시키고 있으며, 그 밖의 토지(원야 등)로서 대통령이 정하는 바에 따라 산림법을 적용하도록 되어 있다.

1.2 산림자원山林資源의 개념

산림자원이란 산림을 유지 조성하고 임목을 보육하며 이것을 경제적으로 이용하여 가시적 생산품을 만들어 낼 수 있는 물질적 가치를 지니는 자원으로 임업林業을 태생시키는 원자재原資材를 말한다.

산림자원을 임업의 원자재로 사용하는 경우의 산림자원의 효용성은 다음과 같다.

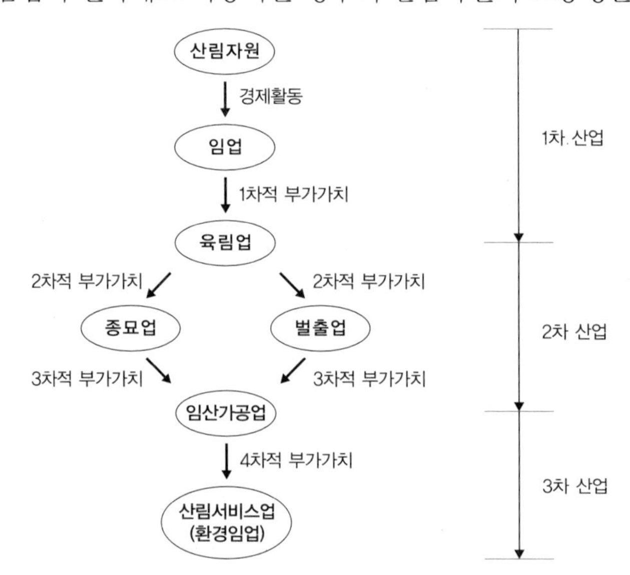

제2절 산림자원山林資源의 개발

임업이란 경제활동을 통해 산림자원의 개발은 인류의 역사와 함께하는 과정을 밟아왔다. 왜냐하면 인류의 의식주생활과 독립적으로 존재할 수 없는 물질이며, 자원이기 때문이다.

2.1 고대 및 봉건시대의 임업林業과 산림정책

(1)고대 인류와 산림

우리나라 원시민족은 다른 민족과 마찬가지로 오랫동안 산림 안에서 채취와 수렵을 한 것으로 추정되며, 따라서 그 당시의 산림은 우리 민족의 생활에 가장 밀접하고 중요한 터전이었을 것이다.

그러나 지혜의 발달로 원시농경原始農耕이 시작되면서 방랑생활이 정착생활로 바뀌게 되었고, 이때부터 자연의 일부인 토지가 인간에 의하여 최초로 점취占取되기 시작하였다.

또 사회조직은 씨족공동체氏族共同體 중심이므로 토지의 주체는 공동체이며 아직 개인에 의한 점유는 없었다. 이러한 사실은 산천을 중요시하되 반드시 공동소유로 하고 개인이 침범할 수 없었다는 기록에 의하여 산림의 공유共有를 알 수 있다.

그 당시의 농경은 화전소전식火田燒田式으로서 우리 민족은 농경지의 확장과 맹수의 위협을 막기 위하여 원시적 산림파괴를 했을 뿐이며, 다만 지리산에 차나무茶木를 식재했다는 기록과 뽕나무 등의 특용수를 식재하였다는 사실이 전해지고 있다.

(2)봉건사회의 임업林業과 산림정책

①봉건 임야 제도

고려조는 건국 후 씨족공동체적 토지소유제도를 폐지하고 산림 등 모든 토지를 국유화함으로써 봉건사회封建社會의 산림은 「산장시초물령사점山場柴草勿令私占」이라 하여 개인적 점유를 일체 금지하였다.

최고 지주가 된 국가는 관원 · 무인 · 개국공로자 및 지방관청에 일정한 산림을 신분과 계급에 따라 지급하고 나머지는 온 국민이 함께 이용하게 하였다. 관원이나 무인에게 지급한 산림은 소유권所有權이 아니라 오직 수익권收益權만 준 것이지만 점차 토지제도가 문란해져 사유지의 성격을 띠게 되었다.

이조시대는 단순한 왕권교체에 불과하여 근본적인 사회구조는 변함이 없었으며 고려의 봉건임야제도封建林野制度도 본질적인 개혁 없이 계승되었다.

고려 말에 무질서했던 임야사점현상林野私占現狀을 몸소 체험한 이태조는 처음부터 임야의 개인적 점유를 일체 금지하였다. 즉 일반 농경지는 건국 직후부터 개인에게 급여하고 세습을 인정하여 스스로 사유화를 조장하게 되었지만, 임야는 급여대상에서 완전히 제외하고 보다 엄격한 국유제國有制를 고집하였다. 그 이유는 고려시대 권세가들의 물질적 기반을 빼앗아 새로운 정권의 집권체제를 강화하기 위한 것으로 생각된다.

그러나 이조시대에는 천도遷都에 따른 궁궐신축 · 산성건립 · 제방축조 등에 다량의 목재가 필요하여 특정 산림을 국가 전용으로 지정하고 일반 백성의 이용을 제한하였다. 이로써 이조시대의 산림은 국가의 임산물 수요에 대처하기 위한 국용림國用林과 일반백성이 평등하게 이용할 수 있는 공용림共用林으로 구분되었다.

우리나라 임업사林業史에서는 이 공용림을 보통 무주공산無主空山이라 부르고 있지만, 엄밀하게 말하면 그 산림의 소유자는 국가이므로 무주無主는 아니다.

②사유림私有林의 형성

봉건사회가 산림을 국유화하여 개인적인 점유를 금지한 이유는 국가의 통제력 강화에 있으므로 힘이 약해지면 언제든지 사점현상私占現狀이 나타날 수 있다. 즉, 산림의 사점현상은 개국 초부터 서서히 전개되어 전반적으로 국정이 문란해지기 시작한 이조 중기 이후 더욱 활발하게 진행되었다.

그 당시 일반적인 개인의 산림점유는 선조의 분묘설정墳墓設定에서 시작된다. 즉, 풍수지리설風水地理說을 굳게 믿던 이조시대는 왕실 귀족에서 일반서민에 이르기까지 묘지설정을 미덕으로 생각하고 묘지와 주변 산림의 점유를 당연하게 여겼다.

즉, 이조 제3대 태종은 직위에 따라 묘지의 평수를 정하여 효자 · 열녀 · 학자

· 관원 등과 서민에 이르기까지 모두 산에 분묘를 설치할 수 있게 하고, 주위에는 나무를 심어 가꾸도록 하였다. 이와 같이 산림이 일단 개인의 묘지로 점유되면 국가가 이를 보호해 줌으로써 마침내 사유화되었다.

한편, 중세 이후에는 국가가 공신 · 권신 · 귀족 등에게 사패지라는 산림을 수여하여 시초柴草를 채취할 수 있게 하였다. 왕권王權에 의한 산림의 급여는 권세가들이 공공연하게 넓은 산림을 점유할 수 있는 촉매작용을 하였으며, 아무 산림이나 불법 점유하게 되어 임야제도林野制度는 대단히 무질서해졌다.

이에 따라 일반 백성들도 묘지 · 개간 · 모점冒占 등의 방법으로 산림을 점유하였고, 이조시대 말기에는 이러한 산림을 매매 · 양도하는 현상까지 나타났다.

③ 산림정책

우리 나라에서 식수植樹가 처음 거론된 것은 1035년 고려 정종때이다. 그 당시의 수도인 개성 주위의 산이 헐벗게 되자 조림사업造林事業이 사회적인 문제로 대두되었다. 물론, 신라시대에 당나라에서 차나무를 들여와 지리산에 식재했다는 기록이 있지만, 이때의 식수는 소규모의 특용수 재배에 불과하였다.

이조시대에는 조림을 법으로 정하여 옻나무 · 뽕나무 · 닥나무 · 대나무등의 특용수를 의무적으로 식재하게 하고, 외방금산은 매년 봄에 소나무를 식재하거나 하종배양下種培養하여 성림시키도록 하였다. 그 당시의 주요 조림수종은 소나무이었으며, 구황용救荒用으로 밤나무 · 참나무 · 호두나무 · 잣나무 등을 식재하였다.

우리 나라 봉건사회의 산림정책기관은 고려와 이조 사이에 큰 차이가 없었다.

이조시대에는 중앙기구로서 국무행정國務行政을 담당하는 육조六曹가 있었으며, 공조工曹에 영조사, 정치사, 산택사등을 두고 산택사에서 산림정책과 수산 · 수리정책 등을 담당하게 하였다. 산택사의 장은 정 5품의 부서로서 직급이 비교적 낮았지만, 그 업무량은 너무 방대하였다.

그러나, 1444년(세종 26년) 수리업무의 일부가 다른 관서로 이관되었을 뿐 산택사의 업무는 이조시대 말기까지 변하지 않았다. 이조시대 말의 실학자 정약용丁若鏞은 공조를 개편하여 산림전담기관인 산우사와 임형사를 신설하고 산림과 임산물의 기술적 관리를 주장하였지만 실현되지 않았다. 우리 나라 산림정책기구는 일본의 침략 때문에 수시로 개편되어 한일합방까지 이르렀다.

갑오개혁(1894)으로 공조는 농상아문農商衙門과 공무아문工務衙門으로 개편되었으며, 농상아문에 산림국山林局을 두고 그 밑에 농사과 · 산업과 · 삼림과를 설치하였지만, 지방에는 임정기관이 설치되지 않아 각도 관찰사와 군수 등이 산림정책을 담당하고 별도의 임야관리를 위한 직원이나 법령은 전혀 없었다.

2.2 8 · 15 해방 이전의 임업林業과 산림정책

인접국인 일본 · 청나라 및 러시아는 이미 1900년경부터 우리나라의 산림자원을 탐내어 서로 이권다툼을 하기 시작하였다.

비록 우리나라 봉건시대의 산림이 남벌과 개간 및 병충해 등으로 많이 헐벗었다고는 하지만 압록강 일대에는 울창한 원시림이 있었으며, 여기에 처음 손을 댄 나라는 청나라였다. 청나라는 1865년경부터 압록강 건너편의 벌채사업에 착수하여 점차 우리나라 산림까지 잠식하게 되었다. 이에 당황한 정부는 이들을 완전히 물리칠 수 없어서 세금만 부과하였다.

한편, 러시아는 남진정책의 하나로 1901년에 동아공업공사東亞工業公社라는 벌목회사를 조직하여 용암포에 근거지를 두고 벌목사업과 제재공업을 경영하였다. 다음해에 러시아는 많은 군대를 우리나라 국경에 보내 이 회사를 돕는 한편 넓은 산림을 확보하였다.

반면, 보다 조직적인 일제는 우선 한반도 전체의 산림자원을 파악하기 위하여 1902년에 첫번째 산림조사를 실시하였다. 이 때에는 우리나라에서 일본의 세력이 크지 않아 공공연한 조사가 이루어지지 못하였지만, 그 결과 우리나라 전체의 산림면적이 약 1,500만 ha라는 최초의 통계가 나왔다.

이어서 일제는 러시아에 대항하면서 압록강 일대의 목재사업을 위하여 청나라와 손잡고 일청의성공사를 조직하였지만 한로삼림협약韓露森林協約의 체결로 별 성과가 없었다.

그러나 노일전쟁(1904)에서 일본이 유리해지자 1905년에 군용목재창軍用木材廠을 설립하고 전쟁에서 이긴 후 우리나라의 모든 산림사업을 완전히 장악하였다.

또, 1905년에는 두번째 산림조사를 실시하여 산림현황 · 산림식물의 분포 · 임산물수급현황 · 압록강목재사업 등을 비교적 자세히 알아냈다. 이 때 발표한 산림면적은 15,124,560ha로 첫번째와 비슷하였다.

1902년부터 1905년까지 5회에 걸쳐 산림조사를 실시한 일제는 완전히 우리 나라 임업을 지배할 수 있는 기초를 마련하였으며, 1906년에는 산림정책기구를 다시 개편하고 일인들의 임야매수, 그들 소유의 법적 인정과 자본투자를 돕기 위하여 우리 나라 봉건임야제도의 근대화작업을 추진하였다.

즉, 이조시대부터 임야를 점유해 온 사람들은 그 내용을 농상공부에 제출하여 수백년 동안 내려온 산림분규를 해결하고, 임야소유권과 경계를 확정하여 지적을 설정함으로써 임야등기제도林野燈記制度를 창설하게 되었다.

그 당시의 발표를 보면 기간 내에 제출을 완료한 임야의 필지수筆地數는 약 95만이며 그 면적은 500만 ha를 초과하였다고 하지만, 당연히 사유림으로 인정되어야 할 임야가 국유림에 편입된 것이 많았다.

왜냐하면, 지금처럼 통신망이 발달하지 않았던 그 당시의 농산촌에서는 이러한 신고사실을 전혀 알 수 없었으며, 설령 알고 있어도 정부에 의한 지적간섭이 혹시 과세의 목적으로 조작된 것이 아닌가 하는 두려움에서 신고를 포기하는 사람이 많았기 때문이다.

뿐만 아니라, 점유산림의 구역이 명확하지 않거나 묘비 등을 건립하였다가 오랜 시일이 지난 후 자기의 권리를 주장하는 산림, 원주민이 공동이용의 관행을 가지고 있는 산림, 식수나 개간을 한 사람들이 권리를 주장하는 산림 등 많은 임야의 권리관계가 대단히 복잡하게 얽혀 있었기 때문에 지적계地籍屆를 제출하였더라도 그것을 전부 민유로 인정할 수는 없었다.

따라서 지적계출 이후에도 여러 차례의 임야정리사업林野整理事業을 실시하여 우리나라 임야제도가 확립되었다.

2.3 8 · 15 해방 이후의 임업林業과 산림정책

(1) 8 · 15해방 이후

현재의 우리 나라 임업은 8 · 15해방 이후 나라 안팎에 있었던 정치적 · 경제적 및 사회적 소용돌이를 지나서 오늘날에 이르렀다. 우선, 정치적으로는 8 · 15 해방 직후의 미군정 하에서 수많은 군소 정당이 생겨나 일제 패전 후의 적산을 둘러싼 이권쟁탈에 혈안이 되었으며, 6 · 25동란을 거치는 동안 행정기관은 거의 마비상태가 된 가운데 산림은 무한정한 피해의 대상이 되었다.

경제적으로는 전후의 식량난과 인플레현상이 나타났고, 북한에서 공급되던 전기가 끊어지고 석탄생산조차 마비되어 모든 국민은 생산 · 난방 및 취사를 위한 열원을 오직 임산물에서 찾을 수밖에 없었다. 또한, 전쟁으로 입은 막대한 피해를 복구하기 위하여 목재수요는 엄청나게 늘어났으며, 이때 외재外材를 수입할 만한 시간과 외화의 여유가 없었으므로 그 많은 목재수요를 국내재에 의존하여 해결해야만 하였다.

사회적으로는 절량농가絕糧農家가 속출하여 초근 목피草根 木皮로 생계를 이어가는 사람이 많았고 일제의 탄압으로 억눌려 있던 사람들이 갑자기 풀려나와 사회질서는 매우 문란하였으며, 치안상태를 바로잡기가 어려웠다.

이러한 중에 산림소유자들은 필요한 생계비를 마련하기 위하여 자기 산림을 팔거나 벌채하는 일이 많았으며, 영리추구에 급급한 벌목상들은 수단 방법을 가리지 않고 아무 곳에서나 사유림 임목을 헐값에 사서 마구 벌채하는 현상까지 나타났다.

이러한 혼란 속에서도 입업관계기관은 산림자원을 보존하고 임업 전반에 걸쳐 이완된 상태를 바로잡기 위하여 우리말로 제정된 최초의 산림관계법류인 산림보호임시조치법山林保護臨時措置法을 1951년에 공포하기도 하였다.

그러나, 1961년까지도 우리 나라 산림정책은 산림령(山林令 ; 1911)을 비롯한 일제시대 때의 산림관계법령을 바탕으로 전개되었기 때문에 일제시대의 식민지적 산림정책이 그대로 지속되었다고밖에 볼 수 없다. 즉, 1961년에 이르러서야 비로소 우리 나라 산림정책의 기본이 될 산림법이 제정되어 일제의 잔재라 할 수 있는 제도와 임시적인 묵은 법령이 모두 폐지되고 장차의 영림기본계획과 산림조합의 체계적 정비를 비롯한 새 제도의 기틀이 확립되어 우리 나라 산림정책은 이를 계기로 하나의 큰 전환기를 맞게 되었다.

⑵ 5 · 16혁명 이후

1960년대 이후 우리 나라의 산림정책은 여러 가지 면에서 많은 발전이 이루어졌지만 보다 강력한 정책수립과 집행을 위해 1973년에는 정부조직법을 개정하여 농림부 산하의 외청外廳으로 있었던 산림청을 내무부 산하의 외청으로 이관하고 「치산녹화 10개년계획」을 세워 그 동안의 여러 가지 계획을 종합하여 일관성 있는 새로운 산림정책을 꾀하였다.

즉, 1972년부터 시작된 제 3 차 경제개발 5개년계획의 성장중심에서 균형 있는 국토개발으로의 개발정책의 전환과 더불어 1970년대 초부터 실시해 온 새마을운동은 국토의 녹화라는 절박한 시대적 사명을 수행하기 위하여 산림행정조직을 종합적인 지방행정의 지휘 · 통솔 중추인 내무부 소속으로 이관하게 하였다.

이런 의미에서 1973년은 우리 임정사에서 획기적인 전환점을 이룬 해인데, 1973년부터 시작된 제 1 차 치산녹화 10개년계획은 1982년까지 전국토를 녹화한다는 목표 아래 모든 국민이 마을과 직장, 가정과 단체, 기관과 학교를 통하여 언제나 나무를 심고 가꾸도록 하고 조림과 생산, 국토보전과 소득을 서로 연계시켜 산지(山地)에 새로운 국민경제권을 조성하며, 궁극적으로는 모든 산야山野를 완전 녹화하는 녹색혁명을 이룬다는 것이었다.

제 1 차 치산녹화계획이 4년 앞당겨 마무리됨에 따라 제 2 차 치산녹화 10년계획이 1979년부터 시작되었다.

제 1차 치산녹화계획이 속성수 위주의 조림과 사방녹화, 산림보호체제의 강화, 화전정리의 완결 등 치산녹화 기반확립에 기본목표를 두었던 반면, 제 2차 계획은 산림자원화山林資源化를 지향한 항속림사상에 입각하여 산지이용 장기계획 · 산림축적 강화계획 · 장기목재 수급계획 등 장기적 경제림조성에 목표를 두고 선진적이며 합리적인 산림경영기반 구축에 역점을 두었다고 할 수 있다.

⑶ 1980년대 이후 현재까지

1980년대 이후 제 1, 2차 치산녹화 10개년계획의 성공으로 우리 나라의 산림녹화山林綠化는 완수되었다고 할 수 있지만, 산지자원화기에 들어서면서 단순한 녹화가 아니라 산림의 경영을 목표로 하는 산지자원화山地資源化의 과제가 새롭게 주어지게 되었다.

자원화추진기에 들어 정책의 근본적인 변화는 조림물량이 317천 ha로서 제 1 차 및 제 2 차 계획의 1/3 정도에 지나지 않을 정도로 현저히 감소되었으며 산림의 자원화를 위한 질적 위주의 조림사업으로의 전환이라고 할 수 있을 것이다.

이를 위하여 산불 및 병해충 피해임지에 대한 경제림조성, 농산촌 소득 증대를 위한 특용수조림, 조림수종의 다양화와 적지적수 조림, 천연하종 갱신 및 수하식재 등 다양한 조림방법이 실행되었다.

이와 동시에 육림사업育林事業을 강화하여 참나무 등 유용 활엽수의 밀생임분을 중심으로 천연림보육사업을 실행하였으며, 수종 · 지형 등 임상 유형별로 보육기술을 개발하여 보급함으로써 효율적인 작업이 이루어지도록 하였다.

제3절 목재자원木材資源 이용사利用史

3.1 우리나라 목재자원木材資源의 이용사利用史

우리나라 원시민족 역시 다른 나라 민족과 마찬가지로 오랫동안 산림 안에서 원시농경을 토대로 방랑생활이 정착생활로 바뀌게 되었고, 자연의 비바람을 피하기 위한 수단에서 흙이나 돌을 원자재로한 가옥의 건축을 통해 목재자원의 이용사는 시작되었다. 이러한 원시농경 사회를 거치면서 목재자원의 이용에도 과학科學과 기술技術에 근거한 목재보존木材保存의 이론이 적용된 예를 우리나라 목조문화재木造文化財를 통해 알 수 있다.

(1) 목재의 단순가공 시대(8 · 15해방 이전)

①목기시대

BC시대부터 이미 석기시대에 앞서 인간은 부족간의 세력다툼의 무기수단으로 목재 자원을 화살, 창 또는 활등의 제조와 그리고 바람, 눈, 추위, 더위를 막아주는 수단으로 목재의 1차적 가공기술을 경험이나 제조기술의 전수에 의해 인류의 목기시대를 거쳐왔다.

②삼국시대

목조문화재木造文化財의 진수라고 할 수 있는 경주 불국사를 비롯한 당시 경주 지역 내에 산재해 있던 수많은 목조木造사찰을 비롯한 상류 사회의 가옥, 사찰, 거문고 등의 악기, 역사기록의 수단 등을 통해 목재자원의 보다 광범위한 그리고 다양한 이용기술이 보급되었음은 물론 이러한 건물들을 유지 모수하는 기술이 있었음을 알 수 있다.

③고려시대 및 조선시대

i) 목선의 제조 : 고려 개성상인에 의한 목선의 제조를 통해 중국, 동남아시아 국가는 물론 아랍 및 유럽 상인들과의 교역 흔적을 통해 바닷물에 의해 열화 되지않은 목재보전의 기술을 지녔음을 알 수 있다.

ii) 팔만대장경 : 고려 고종시절 몽고의 침입을 막기위해 불경을 목판에 새긴 유물로서 목재가 균菌이나 해충, 화재 기타 풍화風化, 자외선 등으로부터 열화하는 것을 막을 수 있는 목재보전木材保存의 기술을 지녔을 뿐 아니라 목재의 수축과 팽창, 그리고 목재의 방부효과를 지니는 다양한 목재의 물리적, 화학적 성질을 이용할 수 있는 기술을 지녔음을 이 목재문화재는 보여주고 있다.

iii) 한지제조 : 우리나라에서 발견되는 문화유적 가운데 고려시대까지는 거의 대다수 문화유적은 석판, 철판 아니면 목판에 새겨지는 유적들이 많았지만 이씨조선의 성종이후의 유적 가운데는 오늘날 우리가 현재에도 사용하는 한지에 기록을 남긴 유적을 통해 이 무렵부터 닥나무로부터 한지를 생산하는 기술을 개발하기 시작했다고 볼 수 있다.

(2) 목재의 물리적 가공시대(8 · 15해방 이후)

① 1945 – 1960년대

우리나라 가옥의 건축자재 뿐 아니라, 난방 구조에 이르기까지 과다한 목재의 사용으로 인해 목재자원의 고갈시대가 도래하였음을 그 당시의 생활상을 통해 알 수 있다.

② 1960 – 1980년대

국가의 적극적인 목재자원의 보호측면에서, 건축자재의 경우 거의 대부분을 시멘트, 석재 및 타일 등의 제품으로 전환하여, 산림의 보호와 목재자원의 축적을 이룬 시대였다고 본다. 한편 난방구조도 지금까지 목재를 화목火木으로 사용하던 시대를 벗어나 석탄 등을 사용하는 시대로 접어들었다.

③ 1980년대 이후 – 현재

i) 새로운 에너지자원의 개발 : 석유, 석탄, 천연가스, 원자핵 에너지의 개발을 통해 가정용 난방을 비롯해 공장의 동력도 이 에너지를 사용하므로 산림과 목재자원의 축적을 이룰 수 있다.

ii) 목재자원의 대체자원 개발 : 플라스틱, 철재 및 석재, 도기 등을 새로운 건축자재로 개발하므로 역시 목재자원의 축적을 어느 정도 완성할 수 있었던 시대였다.

3.2 서방의 목재자원木材資源 이용사利用史

BC시대 : 고대 이집트인들은 BC 1000년 이전에 목제木製로 된 가구, 조각, 목관木管등을 사용하였고, 집성재集成材와 파피루스(papyrus)종이도 사용하였다.

12세기 이전 : 건축, 악기(피아노 등), 목선, 목판인쇄 및 종이의 제조기술을 개발하여 사용한 흔적이 많은 문화유적을 통해 확인되었다.

12세기 이후 : 목재의 물리적 1차 가공산업(Fiberboard, Insulation Board, Particle Board등), 목재의 화학적 1차 가공산업(화학펄프, 다양한 종류의 종이제조 등)이 활발한 기술개발을 통해 꽃을 피운 시대였다.

20세기 이후 : 새로운 화학공학, 생명공학, 컴퓨터공학 및 유전공학의 학문발달은 이 분야의 산업에 큰 영향을 미쳤고, 임산가공분야 역시 이들 학문을 기초로한 목재의 물리적 2차 가공산업(Laminated Wood, Composite, Compreg 등), 목재의 화학적 2차 가공산업(셀룰로오즈 유도체 및 응용, 목재추출성분의 식품, 화장품 및 의약품으로의 이용), 목재의 석유 대체에너지 원源으로의 이용 등, 지금까지와는 전혀 다른 새로운 산업형태와 영역을 구성해 가는 시대가 되었다.

제2장 목재자원木材資源의 1차산업(목재자원木材資源의 물리적 가공산업)

인류는 목질자원木質資源을 어떤 형태로든 지금까지 매우 다양하게 이용하여 왔으며 오늘날 완전 독립된 산업분야를 구축하였다. 목재이용학木材利用學 분야에서 이러한 목재산업木材産業을 그 발달된 순서를 따라 1차산업, 2차산업 또는 3차산업이라고 명확한 구분을 일반화시켜 통용한 사실은 없다. 전 세계적인 산업의 발달사와 더불어 목질자원의 기초적 그리고 단순한 가공 또는 최소한 물리적 가공만 加하여 생산하는 목재산업을 1차산업이라고 하였다. 1차산업적 기술에 보다 한 차원 더 높은 기술이나, 화학적 가공 또는 물리화학적 가공을 부가한 산업분야를 2차사업이라고 하였다. 앞으로 21세기가 필연적으로 맞이하게 될 각종 자연환경의 변화와 지금까지 우리 인류가 경험하거나 알지 못했던 각종 암을 비롯한 새로운 질병의 문제, 최근 갑자기 대두되는 석유 및 석탄자원의 고갈 등은 21세기를 살아가는 우리 인류가 해결하여야 하는 문제이다. 이러한 문제들을 해결할 수 있는 자원으로서의 목재산업을 3차산업이라 부르며 앞으로의 장을 전개하려고 한다.

제1절 목재자원木材資源의 물리적 가공산업(Sawmill산업)

과거 인류의 역사가 시작된 이래 지금까지 목재를 직접적으로 이용하고 있는 산업이 소위 sawmill산업이라 한다. 즉 목재자원의 산업화에 있어 가장 기본적인 산업이기 때문에 그 옛날 원시시대부터 첨단의 시대를 살아가는 현대에서도 여전히 존재하는 산업이다. Sawmill산업의 내용은 다음과 같다.

(1) 가장 기본적인 목재의 수피 등을 제거하여, 목재의 원시적 및 가공적 이용을 효율적으로 수행하기 위한 공정.
(2) 목재자원의 산업화에 있어 가장 기본적인 가공산업.
(3) 기계공업의 발달과 함께, 매우 경쟁력 있는 목재의 재재가공 산업도 발달, 매우 다양한 재재목을 생산.
(4) 철도침목, 탄광침목, 전신주, 건축자재, 가구 등 수백종의 제재목 생산등 고도의 산업화가 지배하는 오늘의 현실에서도 여전히 존재하는 산업분야이다. <그림 1-1>의 모습은 가공을 기다리고 있는 제재원목을 비롯하여 제재가 완성된 제재목의 모습이다.

<그림 1-1> Sawmill 공장의 제재목의 모습

제2절 목재자원木材資源의 물리-화학적 가공산업

2.1 단판單板(Veneer) 및 합판合版(Plywood) 산업

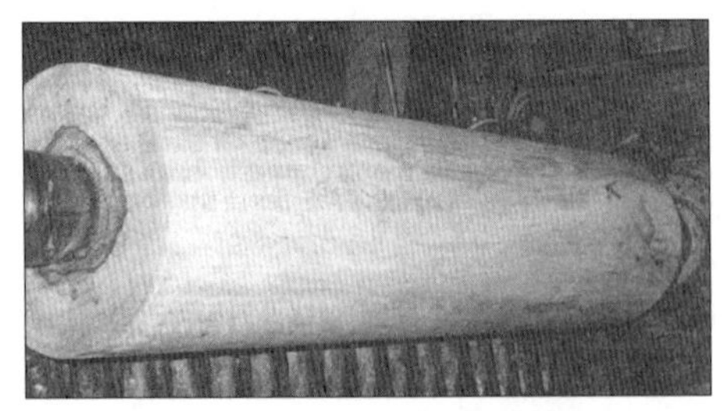

<그림 1-2> 단판(Veneer)제조를 위한 원목의 박피모습

<그림1-2>는 단판과 합판을 제조하기 위해 원목의 껍질 즉 수피를 제거한 원목의 모습이다. 이 그림의 박피공정이 완성되면 과일의 껍질 벗기듯 일정한 두께를 지니는 단판형태의 제재목이 완성된다.

sawmill산업은 필연적으로 단판 및 합판산업의 발달로 이어져 오게 되었다. 과거 원시시대의 모든 천연자원의 원시적, 또는 기껏해야 수가공적 또는 가내 공업적 이용에서 벗어나 산업혁명과 같은 대량생산체제만이 생존경쟁에서 살아남게 되었으며 더 많은 물질문명의 발달은 목질자원木質資源도 보다 효율적이고 경제적인 사용과 이용만이 경쟁력을 가지게 되는 시대를 맞이하게 되었으며, 그 결과 앞장의 sawmill산업만으로는 그 경쟁력을 더 이상 유지할 수 없게 되었으며, 이 sawmill산업은 부분적으로는 아직 존재하는 산업이긴 하지만 거의 대다수 단판 및 합판산업의 그늘에 가리어지게 되었다. 이들 목재 판상제품의 장점을 열거하면 다음과 같다.

(1) 목재를 보다 경제적으로 사용하기 위해 개발된 목재의 판상板像제품.
(2) 건축자재, 가구재, 전신주 등의 용도로 사용하는데 있어, 목재의 물리적 단점을 보완하기 위해 개발된 제품.
(3) 목재의 나무결을 따른 목재의 수축율의 약점(목재횡축의 수축율은 종축의 수축율의 10~20배)을 보완하여 개발한 제품 : 합판(Plywood).
(4) 무늬목으로 사용할 수 있는 목재의 경제적 사용의 필요성이 단판 및 합판의 제조기술 창조.
(5) 목재의 횡축방향의 물리적 강도를 증가시키기 위한 수단으로 단판 및 합판제조.

(1) 단판單板(Veneer)

단판單板이란 둥근 또는 네모난 두터운 목재를 과일의 껍질 벗기듯 또는 채소를 써는 것과 같이 얇게 필링(peeling) 또는 슬라이싱(slicing)하여 합판合板(plywood)을 제조하기 위한 원자재의 역할을 하는 목재단위를 말한다. <그림 1-3>이 단판의 제조 모습이다.

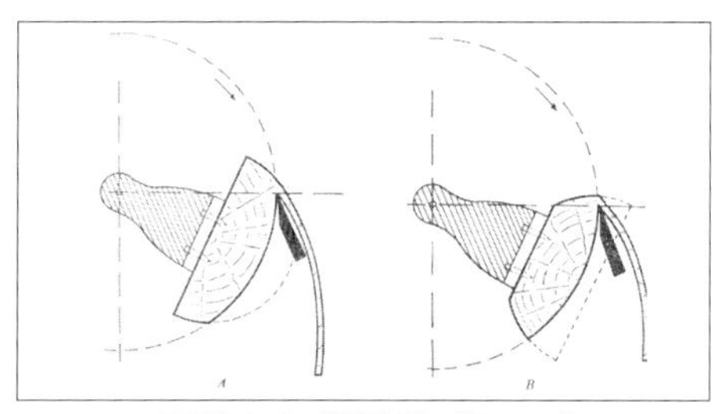

<그림 1-3> 단판의 제조모습

(2) 합판合板(Plywood)

<그림1-4>는 왼쪽위 모습은 박피를 기다리는 원목의 모습이고, 오른쪽 아래 모습은 단판을 제조하기 위해 박피된 원목의 Peeling off 공정을 마친 얇은 나무기둥들을 볼 수 있다. 합판合板이란 단판單板을 접착제를 사용하여 접착시켜 제조한 판상제품으로 단판單板의 접착시 목재의 조직결이 서로 직교直交가 되도록 접착시킨 판상제품이다. 이때 단판單板의 숫자는 홀수가 되어야 하며 가장 가운데에 존재하는 단판單板을 코어 단판單板이라 한다.

<그림 1-4> 박피를 위한 대기중인 원목과 필링오프(Peeling off)공정

① 합판合板의 종류

구 분	원 산 지 (원 목)	설 명
활엽수 합판	말레이지아 파푸아뉴기니아 솔로몬 군도	산지에서 양질의 활엽수 원목을 수입하여 생산되는 합판
침엽수 합판	뉴질란드 러시아 칠레	러시아, 뉴질랜드 등지에서 도입하여 침엽수 원목을 사용하여 생산되는 합판
혼합 합판		활엽수 및 침엽수 원목을 혼합하여 생산되는 합판

② 접착제의 기능과 종류

• 외부용 멜라민-포름알데히드수지(Melamine formaldehyde glue)

주로 멜라민수지 등으로 접착한 합판으로서 장기간의 외기 및 습윤상태의 노출에도 견딜 수 있는 것으로 실외용, 건축외장용, 욕실내장용, 콘크리트 거푸집용으로 사용되는 외장용 합판이 여기에 해당된다.

• 내부용 요소-포름알데히드수지(Urea formaldehyde glue)
증량을 거의 하지 않은 순수한 요소수지(Urea resin) 접착제로 제조하는 것이 표준이며, 다소의 습윤상태의 노출에도 견딜 수 있어야 하며 비교적 고급의 건축 내장용, 가구, 차량 등에 사용되는 것으로 일반적인 내장용 합판이 여기에 해당된다.

③ 용도

- 보통 일반합판
  주로 내장재로 두께 3.6~30.0㎜, 나비 910㎜~1220㎜, 길이 1820㎜~2440㎜ 사이의 합판을 말하며 주택 내 · 외장, 천정, 차량, 가구, 악기재, 교구재, 조선재, 창호재 등으로 사용함.
- 거푸집용 합판
  일반합판과 같은 규격에 콘크리트 거푸집용 및 건축 산업용재로 사용함.
- 태고합판
  거푸집용 합판의 양면 및 일면에 열경화성 Phenol타입의 반응성 합성수지가 함침된 film을 열압시켜 합판과 tego film이 접착된 제품으로 거푸집용 합판으로 사용횟수를 늘여 사용성을 높였으며 내구성과 방수성을 향상시킨 제품으로 별도의 미장공사가 필요하지 않아 공기가 단축됨.
- LVL(Laminated Veneer Lumber)
  활엽수,침엽수 또는 활엽수와 침엽수를 혼합하여 소비자가 원하는 제품을 생산할수 있으며 합판과 달리 박피단판을 직교 교차하지 않고 평행방향으로만 접착한 단판적층재로서 나무결(목리)이 같은방향으로 구성된 제품을 말한다. 제재목과 비교하여 용이한 가공성과 강도적 성질의 편차가 적고 무게에 비해 강도가 큰 성질로 인해 면面재료보다는 축軸재료로도 사용되며 이 제품은 건축 창호용재, 가구가공용재 등으로 사용되고 있다.
- LVB(Laminated Veneer Board)
  LVL의 단점(만곡)을 보완하기 위하여 박피단판의 일부를 직교교차하여 접착한 제품.

<그림1-5>원목장
합판용 원목을 사용 수종에 따라 분리 적재

<그림1-6>절통
원목의 결함부위를 제거하며 필요한 임의의 길이로 재단하고 절통목을 만드는 과정

<그림1-7>절삭
Grain별로 임의 두께의 veneer를 만드는 과정

<그림1-8>건조
적정 함수율을 유지하도록 veneer를 건조하는 과정

<그림1-9>가공
결점 부위를 제거하며 필요규격으로 단판을 조합/가공하는 과정

<그림1-10>접착
적정한 접착력을 얻도록 규정량의 접착제를 도포하는 과정

<그림1-11>냉압
접착제가 veneer에 침투되도록
적정 압력/시간 동안 냉압하는 과정

<그림1-12>열압
열경화성 접착제가 반응을 일으키도록
적정 압력, 온도, 시간 동안 열압하는 과정

<그림1-13>재단
주문 규격에 맞도록 제품을 재단하는
과정

<그림1-14>샌딩/보수/검사
판면 및 측면의 보수및 샌딩, 검사하는
과정

<그림1-15>포장/출고
주문에 따라 포장 후 출고

2.2 섬유판纖維板 제조 산업

단판(Veneer) 또는 합판(Plywood) 산업과 유사한 산업이나 이들 산업과 다른 공정은 목질재료를 리그닌과 섬유를 물리적으로 분리하여 셀룰로오즈 섬유상纖維狀의 특성을 이용하는 것이 목재질의 특성을 이용하는 단판이나 합판산업과는 다른 산업이라 볼 수 있다.

(1) 섬유판纖維板의 개요

FOA(Food and Agriculture)기구가 섬유판(fiberboard:FB)은 목재질木材質 또는 식물섬유소물질의 섬유를 원료로 섬유 자체의 결합성을 이용하여, 성형成型 시킨 판상재료板狀材料로서, 강도, 내수성, 내화성, 방부, 방충 등 제품의 품질을 향상시키기 위해 첨가제를 첨가할 수도 있다라고 정의하였다. 그러나 최근 매우 특이한 기술개발과 응용방법에 의해 지금까지 고전적으로 정의한 섬유판의 정의를 수정하게 되었으며 이에 여러 종류의 섬유판을 결합하여 새로운 섬유판을 제조한 수준에까지 이르러 오늘날은 이들 섬유판을 목질판상제품木質板狀製品(Wood-based panels)으로 함께 취급한다.

(2) 섬유판纖維板의 분류

섬유판은 사용목적에 따라서 여러 가지 성질의 것을 얻을 수 있지만 비중, 초조방법抄造方法, 해섬법에 따라 다음과 같이 분류한다.

① 비중에 따른 분류

<표1-1> 섬유판의 종류와 비중

구 분	비중(g/m³)
non-compressed fiberboard	
semi-rigid insulation board	0.02 ~ 0.15
rigid insulation borad	0.15 ~ 0.40
compressed fiberborad	
medium density fiberboard : (MDF)	0.40 ~ 0.80
hardboard	0.80 ~ 1.20
sepecial densified hardboard	1.20 ~ 1.45

② 초조법抄造法에 따른 분류

wet process : 습식압축법(wet pressing)

dry process : 건식압축법(dry pressing)

③ 해섬법解纖法에 따른 분류

쇄목해섬법(groundwood pulp法)

열기계적 해섬법(Asplund Defibrator法)

폭쇄해섬법(Masonite 法)

(3) 중밀도中密度섬유판과 중밀도重密度섬유판

① 중밀도中密度섬유판(Medium Density Fiberboard : MDF)

MDF는 목질재료를 주원료로 하여 고온에서 해섬하여 얻은 목섬유(Wood Fiber)를 합성수지 접착제로 결합시켜 성형, 열압하여 만든 밀도 0.4~0.8g/cm³의 목질판상 제품이며 3.0mm에서 30mm두께까지 생산이 가능하다.

전 두께에 걸쳐 섬유분배가 균일하고 조직이 치밀하여 복잡한 기계가공작업을 면이나 측면의 파열없이 수행할 수 있다. 따라서 MDF는 측면 모울딩이나 표면가공을 하는 테이블상판, 문짝, 서랍정면등에 사용된다.

또한 면이 평활하고 견고하며 장식용필름이나 베니어 등을 오버레이 하거나 페인팅 하는 데에도 매우 적합하다. 뛰어난 안정성과 기계가공성, 높은 강도 때문에 서랍측면이나 케비넷레일, 거울틀, 모울딩 등에 일반목재 대신 사용할 수 있다.

<표1-2> MDF의 物性表

규격	비중 (kg/m³)	휨강도 (kg/cm²)	접착력 (kg/cm²)	두께팽창율(%)		수분흡수율		제품 함수율
				2시간	24시간	2시간	24시간	
3.0mm	810	400이상	7 이상	6.0이하	25±5	10이하	45±5	6~8%
4.5mm	780	400이상	7 이상	4.0이하	20±5	8.0이하	40±5	
6.0mm	770	350이상	7 이상	2.5이하	12±3	6.0이하	30±3	
7.5mm	750	350이상	7 이상	2.0이하	10±3	5.0이하	25±3	
90.mm	740	350이상	7 이상	2.0이하	10±3	5.0이하	25±3	
12.0mm	740	350이상	7 이상	1.0이하	5±2	4.0이하	20±2	

* 제품 적용
−목재의 섬유 원료로 이방성을 제거한 목질 판상재
−최첨단 자동화 시설로 균일하고 우수한 품질
−표면 가공이 용이하여 다양하고, 동일한 제품 생산
−건조 공법으로 제품을 생산 (완제품 함수율 6~8%)
−규격별 제품의 다양화

② 중밀도重密度섬유판(Hard board)

MDF 제품보다 비중을 110kg/m³ 이상 높이고, 가공 기술의 개발로 MDF에서는 가지지 못하는 휨강도, 내부 접착력, 수분 흡수율, 두께 팽창율을 유지하여 합판 대체제로 널리 사용되고 있으며, 특히 700kg/cm²이상의 휨강도를 유지하여, 가공 상태에서 휨 발생을 억제한다. 또한 폭이 3feet인 제품을 국내 최초로 연속적으로 생산하여 제조비용을 낮춰, 도어용으로 사용되는 합판대체재로 사용되고 있다.

<표1-3> Hardboard의 物性表

항목		물성 기준
비중(kg/m³)		920 이상
휨강도(kg/cm²)		700 이상
접착력(kg/cm²)		10이상
두께팽창율	2시간 (%)	5.0 이하
	24시간 (%)	20±5
수분흡수율	2시간 (%)	9.0 이하
	24시간 (%)	35±5

<표1-4> Hardboard의 용도

항목	사용용도
가구재	가구, 서랍장, 테이블, 장식장, 침대
사무용품	책상, 의자, 칸막이
건축재	건축용 문, 인테리어용
생활용품	액자, 시계, TV CASE
기타	콘테이너, 단열재, 합판 대체용

(4) 중밀도中密度 및 중밀도重密度 섬유판의 제조공정도製造工程圖

<그림1-16> 박피공정
원통 목재의 껍질을 벗기는 박피공정

<그림1-17> 파쇄공정
목재는 품질향상을 위해 수피를 제거하고 이송 및 해섬을 용이하게 하기 위해 Drum chipper를 사용하여 1인치 크기의 Chip으로 분쇄

<그림1-18> 해섬공정
해섬공정은 목재 Chip을 7–10kg/㎠의 포화수증기로 160℃고온, 고압하에서 수분동안 증해시켜 섬유의 파괴없이 리그닌을 연화시킨 후 목질섬유(Wood Fiber)를 제조

<그림1-19> 도포공정
제조된 Wood Fiber Board의 강도를 보강시킬 목적으로 사용되는 수지는 요소수지, 멜라민 수지 등이 사용되며 내수성 향상을 위해 파라핀 왁스를 첨가

<그림1-20> 건조공정
도포된 Fiber는 건조기내의 열풍에 의해 이송되면서 건조가 된다. 도포된 Fiber의 최종 함수율은 9–12%로 건조

<그림1-21> 성형공정
도포된 Fiber를 공기를 이용한 자유낙하에 의해 분산시켜 Mat를 형성

<그림1-22> **열압공정**
성형된 Mat를 연속적으로 열과 압력을 이용하여 판상의 Board를 제도하는 공정으로 온도 180℃에서 Press factor를 1mm당 10.5sec 유지하고 비압은 30kg/㎠정도로 압축한다.

<그림1-23> **재단공정**
Press에서 제조된 Board를 수요자의 요구에 따라 각 재단규격으로 재단한다.

<그림1-24> **연마공정**
Press에서 제조된 Board의 조기 경화층을 Wide belt sandpaper를 사용하여 최종 board 두께를 맞춘다.

<그림1-25> **검사공정**
연마가 끝난 제품은 두께, 치수, 겉모양, 표면상태, 측면상태 등을 검사하여 정품과 등외품으로 분류한 후 각각 별도의 창고에 보관후 출고한다.

2.3 기타 목질판상木質板狀제품

(1) 집성목集成木(Composite Wood)

오늘날 접착제의 발달로 목질접착제의 접착성능이 목질자체의 물리적 강도 이상으로 우수하여 목질폐재에 이러한 접착성능이 우수한 접착제를 사용하여 제조한 목질판상木質板狀제품을 집성목集成木 또는 Composite wood라 한다.

이 집성목의 특징은 자투리 목질폐재로 제조한 집성목集成木이 매우 큰 목재의 물리적 강도를 나타낼 수 있는 장점으로, 목질폐재의 이용利用이라는 경제적 측면과 대형목구조大型木構造 건축물이 가능하다는 것이다.

<그림1-26> 여러 목질판상木質板狀 제품으로 건축 중인 주택

<그림1-27> 미국 시애틀 근교의 집성목으로 건축한 체육관

(2) 파티클보드(Particleboard)

삭편판은 목재의 작은 삭편(particle)에 접착제를 분무하고 열압축을 가해 판상으로 성형, 제조한 목질판상재료이다. 이러한 삭편판은 제조시 이용된 목재 삭편의 종류에 따라 플레이크 보드(flakeboard),스트랜드 보드(strandboard),웨이퍼 보드(waferboard)등 다양한 명칭으로 불려진다. 목조주택에서 사용하는 OSB(Oriented Strand Board)는 배향성 스트랜드보드이다.

<표1-5> 각종Fiberboard의 기능과 용도

파티클보드	목재가공 공정에서 파생되는 대팻밥,죽데기 등의 폐잔재를 이용하여 제조한 침상형의 목재 삭편과 요소수지 접착제 등과 같은 실내용 접착제를 이용하여 제조한 판상재료로써 가구,캐비닛 부재,각종 목공품 등과 같은 조작용 재료로 사용
웨이퍼,플레이크보드	작은 직사각형 모양의 단판 조각을 닮은 웨이퍼나 플레이크 및 석탄산 수지 접착제 등과 같은 실외용 접착제를 이용하여 제조한 판상재료로써 침엽수 합판의 대용으로 지붕이나 벽체용 덮개,비늘판 등의 건축 구조재로 사용될 수 있다.
배향성 스트랜드보드	가늘고 긴 형상의 삭편인 스트랜드와 석탄산 수지 접착제 등과 같은 실외용 접착제를 이용하여 제조한 판상의 재료로써 합판의 구성 형태처럼 인접 층간의 목리가 서로 직교되도록 구성하여 제조. 3층 또는 5층의 형태로 제조될 수 있으며 웨이퍼보드와 마찬가지로 지붕이나 벽체용 덮개 등의 건축 구조재로 사용
무기질 결합제 보드	목모에 시멘트나 석고를 결합시켜 제조한 판상재료로써 차음성,내균성 및 내화성이 필요한 곳에 주로 사용. 외벽,지붕용 데크등으로 많이 사용.플레이크와 시멘트를 결합시켜 제조하는 경우도 있는데 이 제품은 문,마루, 칸막이,내력벽,외장용 비늘판(siding)등의 용도로 사용

삭편의 종류	파티클(particle)	침상형의 삭편
	플레이크(flake)	두께 0.2－0.5,폭 10－50mm정도의 목리가 길이방향인 삭편
	웨이퍼(wafer)	형상면에서는 플레이크와 비슷하나 크기가 더 크다. 길이x폭x두께=5－7cmx7cmx0.6mm정도
	컬(curl)	손대패와 같은 칼날에 의해 생산되는 것처럼 나선상으로 굽어지는 특징을 보이며 길이가 길고 편평한 형태의 플레이크
	세이빙(shaving)	대팻밥의 일종
	칩(chip)	칼이나 망치 모양의 타격구에 의해 목재로부터 떨어져나간 작은 목편 조각으로 펄프용 칩과 유사하다.
	톱밥(sawdust)	제재시 발생하는 톱밥
	스트랜드(strand)	폭과 두께에 비해 길이가 상대적으로 긴 세이빙의 형태이며 두께가 균일하다.
	슬리버(sliver)	목리와 평행한 길이가 두께에 비해 최소 4배 이상 정도 되는 것으로 횡단면이 거의 정방형 또는 장방형인 삭편으로 두께는 5mm정도
	목모(wood wool)	길이가 길고 말려 있는 형태의 가느다란 슬리버의 일종

(3) LVL(Laminated Veneer Lumber)

<그림1-28> LVL로 건축한 전형적인 미국의 중산층 가옥

단판적층재(laminated veneer lumber,LVL or parallel－laminated veneer,PLV)는 로터리 레스(rotary lathe)에 의해 절삭된 단판을 섬유방향이 평행하도록 적층, 접착하여

제조한 목질재료를 말한다. 단판은 보통 두께 2~6mm 정도의 것을 수개 층에서 수십 층이 되도록 제조하는데 뒤틀림이나 할렬을 방지하기 위한 목적으로 직교 단판(crossband)을 삽입하기도 한다. 면재료로서 보다는 축재료(축방향 재료)로 사용된다. 단판적층재는 용이한 가공성, 균일한 재질, 곡면 가공성, 안전성 및 측면의 외관적 가치 등으로 인해 가구 및 비품 제조용 재료로 선호되고 있는데 아치형의 문틀, 소파 골조,계단,의자.침대,캐비닛,옷장,카운터 상판으로 많이 이용되고 있다. 또한 강도적 성질의 편차가 적고 무게에 비해 강도가 큰 성질로 인해 들보, 트러스, I형보 등의 구조용 부재나 부품으로 사용되고 있다.

<그림 1-29> 집성재, LVL 및 MDF 등의 소재

(4) 마루재

<그림1-30> 강화마루재로 마무리한 마루

① 마루재

아파트 중심의 거실문화와 자연 친화적인 소재에 대한 관심이 고조되면서 기존의 PVC바닥재(장판) 일변도에서 새로운 목재소재인 마루 바닥재가 생겨나게 되었는데 그 시기는 1980년대 중반으로 역사가 그리 오래 된 것은 아니다. 마루재에 대하여 그의 명칭에서 혼란스러워 하는 일이 많다. 간단히 말해서 주택용으로 주로 쓰이는 마루재는 우리들의 주거 문화가 온돌식이기 때문에 자재의 열전도율이 양호하고 바닥열기로 인한 나무의 뒤틀림, 변형 등을 방지하기 위한 재질적 보강을 통하여 제조 생산되어진 마루재를 흔히 통칭 '온돌마루'라 호칭하고 있다. 이를 자세히 열거하면 나무라는 자재 자체는 기본적으로 수분을 함유하고 있기 때문에 여기에 난방 등 온돌의 열기가 가해지면 그에 따른 수축이나 뒤틀림 등, 변형이 이루어지게 된다. 바로 이러한 성질을 안정화 시키거나, 그에 따른 조치를 가하여 온돌 습식 문화에 맞게 개발된 마루재를 바로 통칭하여 온돌마루라 부르고 있는 것이다.

그 온돌 마루재의 성형 여건이나 제작 방법, 주재료에 따라 '합판마루' · '강화마루' · '원목마루' 로 세분화시켜 나누는 것이고, 그 차이는 만들어진 주재료와 성질에 따라 각기 장단점을 지니고 있는 것이다. 위에 거론한 세 가지가 현재 주택용으로 쓰이는 마루재의 주를 이루고 있다. 물론 그 물성에 따라 시공방법도 각기 차이를 갖고 있다. 시공방법은 크게 두부류로 '접착 시공'과 '현가 시공'으로 나뉜다. 마루바닥재는 목재를 소재로 하여 내열성 열전도성, 내습성과 같은 특수한 구조적, 기능적 조건을 갖춘 바닥재이다. 국내에는 상난방 방식에 의한 온돌문화 때문에 고온, 물걸레질, 기후조건에 맞는 한국형 마루 바닥재로 가정용 온돌마루로 소개 되었다.

② 마루재의 장점

목재마루판의 가장 큰 장점은 인간을 포함한 모든 생명체들이 생활하기에 가장 적당한 소재인 목재로 만들어졌다는 것이다. 이것은 목재가 가지고 있는 여러 가지 특징들, 즉 온도, 습도 조절기능, 방음성, 원적외선 방출기능, 탄력성 등에 의한 것이다. 일본의 한 대학에서 카페트, 목재, 염화비닐시트 및 콘크리트 위에서 30분간 보행을 하게하고 심기능과 시각기능의 변화를 실험한 생리적 부담을 측정한 결과 콘크리트>염화비닐시트>카페트>목재 순으로 높게 나타났다.

또한 목재, 금속재 및 콘크리트의 사육 상자에서 갓 태어난 생쥐를 23일간 사육하여 생존율을 조사한 결과 목재상자는 85%의 생존율을 나타낸 반면 금속상자에서는 41%, 콘크리트상자에서는 7%의 생존율을 나타냈다.

이와 같이 목재가 인간에서 가장 유익한 생활환경이라 말할 수 있다. 목재마루판은 현재 가장 널리 사용되고 있는 PVC바닥재에 비해 자연미와 미려한 실내공간 연출이 가능하며 나무의 온화한 느낌 외에 충격흡수력이 좋고 습도능력이 있다. 또한 7~10년의 내구성을 가질 수 있으며 부분적으로 흠집이 났을 때 그

부분만 간단히 조립시공 할 수 있는 장점이 있다.

③ 마루재의 종류

ⅰ) 원료에 따른 분류

마루재는 원료에 따라 아래와 같이 나뉘어지며 코어의 종류에 따라 특성이 크게 좌우되므로 적절한 구분이 필요하다고 할 수 있다. 특히 소비자들은 재료에 대한 지식이 없고, 판매자와 시공자 역시 목재에 대한 지식이 미비하여 여러 혼란을 야기시킬 수 있다. 이러한 측면에서 소재에 대한 이해를 돕기 위해 마루판의 종류를 소재에 따라 아래와 같이 크게 대별할 수 있다.

원목마루(Solid wood floor)

원목마루는 말 그대로 마루판으로 가공한 마루재로 천연재료라는 점과 고급재료라는 소비자들의 인식으로 인해 최고급 바닥재로 취급되고 있다. 마루재 수종으로는 주로 활엽수의 상上작업과 더불어 시공품이 많이 들고 숙련된 시공자가 시공해야 한다. 유지관리에 세심한 주의를 요하고 재료의 특성상 바닥 난방이 불가능하여 비온돌용, 비상업용 공간에 한해 시공될 수 있다. 마루재의 표면 손상과 변 · 퇴색 등에 수년에 한번씩 표면연마작업 후 도장해야 하는 추가 작업을 통해서 내구성을 연장시킬 수 있다.

건조된 원목을 소정의 규격대로 재단하여 만든 제품으로 학교복도와 교실바닥재 또는 대청마루와 같이 바닥난방이 되지 않는 주택의 거실바닥재로 많이 사용된다.

규격은 폭이 30m/m~90m/m, 두께12m/m~22m/m, 길이225m/m 단척부터 8자, 9자까지 다양하며. 그의 수종으로는 Oak(참나무), Maple(단풍), Cherry(벚나무), Rubber woody, 괴목, 아피통, Ash(물푸레 나무) 등 다양하다.

쪽마루(Strip flooring) : 폭은 18mm~38mm(보통22mm~28mm)로, 두께 8mm~25mm(보통18mm)정도의 원목마루를 칭한다.

널판마루(Plank flooring) : 폭 75mm~175mm로, 8mm~22mm정도의 판자형 마루를 칭한다. 비교적 나뭇결의 특성이 잘 나타나고 목재 문양적질감이 우수하나 쪽마루에 비해 가격이 비싸다.

원목 집성 마루 : 집성마루는 2겹(2~7)이상의 원목 층이 접착제로 경합되어

만들어지며, 표면단판(Top Layer 또는 Outer Layer) 두께 2~5m/m의 미려하고 단단한 나무 (Oak, Maple)로 되어있고 내부목재(Inner core 또는 Sub Layer)는 나왕 또는 미송 종류의 원목이 합판형태로 접착되고 뒷면(Sub Layer)은 양호한 접착상태가 될 수 있게 해주며, 마루의 팽창과 수축을 억제해 주는 표면단판 위 마감을 대개 UV제가 첨가된 아크릴 계통의 도장으로 3~7회 정도의 도장이 되어있으며 그 특성으로 집성마루는 일반 원목마루보다 미려한 외관과 내오염성, 내마모성, 적은 변형률이 좋은 반면 가격이 다소 비싸다. 표면 단판재가 두꺼우면 변형이 클 염려가 있지만 사용도중 샌딩과 칠을 여러 번 할 수 있는 장점이 있다. 이의 시공에 있어서는 용도에 따라서는 Flooring 밑면에 쿳션재가 붙어 있는 경우도 있고, 현가식공법으로 시공할 때는 바닥면에서 2m/m발포쿳션재를 깔고 시공한다. 바닥면이 고르고 건조가 잘되어 있을 경우 Epoxy 접착제를 바닥에 도포하고 마루를 직접 붙여 시공하며 마루 팽창과 수축을 어느 정도 잡아주므로 마루를 밟을 때 나는 소음이나 출렁임을 막을 수 있다.

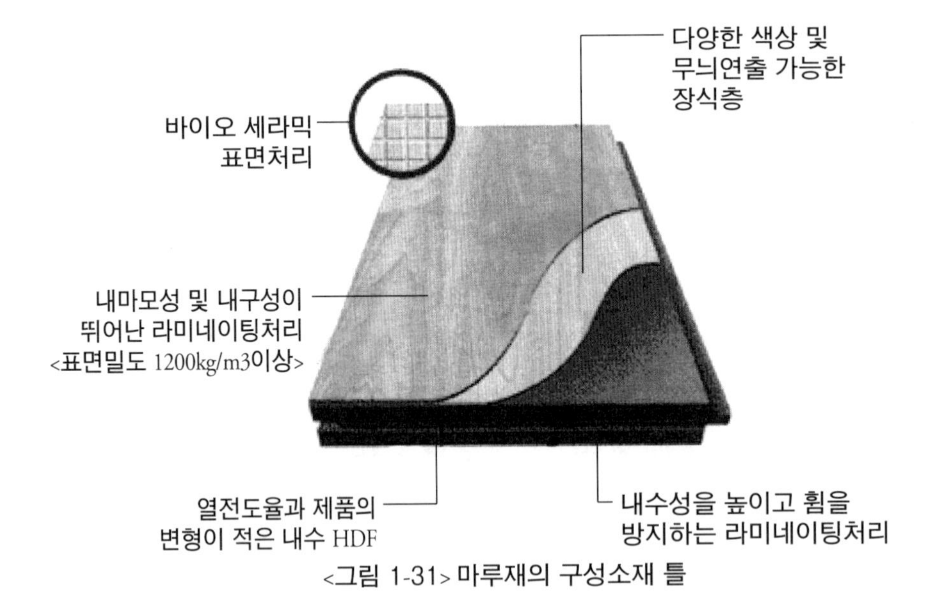

<그림 1-31> 마루재의 구성소재 틀

<표 1-6> 원목마루 특징(장단점)

구분	내용
장 점	- 원목단판으로 질감이 뛰어나다. - 비닐 장판류 바닥재에 비해 정전기가 전혀 발생되지 않아 먼지, 머리카락 등의 청소가 쉽고 청결하고 위생적이다. - 하자발생시 정도에 따라 부분적 낱장으로 기술적 교체를 할 수 있다. - 원목마루의 특성으로 구분할 수 있다. - 표면이 두꺼운 관계로 사용도중 샌딩과 재 도장을 할 수 있다. - 합판마루와 달리 원목단판이 많이 두꺼운 경우는 긁힘 현상에 다소 강하고, 후에 표면손상에 대한 보수 등이 가능하다. - 합판마루보다 수명이 오래간다. - 쾌적한 환경조성, 다양한 착색과 도장으로 특성을 표현할 수 있다.
단 점	- 합판마루나. 강화마루에 비해 가격이 비싸다. - 실용성보다 질감이나 눈으로 만족성이 높다. - 표면 단판재가 두꺼울수록 건조하거나 습기에 의한 수축팽창으로 인해 표면단판이 떨어지는 하자가 생기거나 변형성이 높아진다. - 유지, 관리에 세심한 주의가 필요하다.(Wood based materials floor)

합판마루

합판을 코어재로 사용한 마루재로 두께10mm이하의 온돌용 박판상 마루재와 주로 상업용 및 비온돌용으로 쓰이는 두께10mm 이상의 비온돌용 후판상 마루재가 있다. 표면은 주로 무늬단판을 접착하고 도장을 한다. 무늬단판의 두께에 따른 물성차이가 있고 내구성도 차이를 보인다. 박판상은 재료적 한계에 의해 하지에 직접 접착식으로 시공되는데 반해, 후판상 마루재는 현가식으로도 시공될 수 있다. 후판상 마루재의 일종인 Parquet 마루재는 정방형의 마루재로 시공디자인에 따라 다양하게 시공될 수도 있으며 접착식 시공을 한다. 원숙한 자연미로 인한 질감에 비해 원목마루와 같이 표면이 강하지 못해 스크래치, 변퇴색 등 무늬단판표면의 도장으로 인한 한계가 있어 바닥재로서 기능성이 약하다는 단점이 있다.

합판마루는 국내에 가장 먼저 알려진 마루로 구조나 표면처리에 따라 품질에 차이가 나며 기존의 국산품이나 이론, 인도네시아 등지에서 가장 많이 들어오고 있다. <그림1-32>과 <표1-7>은 합판마루의 내부구조와 장단점을 묘사하고 있다.

구조는 플라이 합판층과 표면 단판층으로 나눌 수 있으며 각 제품에 따라

5~7겹의 1급 내수합판을 서로 크로스 방향으로 엇대어 접착하고 표면단판의 직각으로 칼금을 주어 변형을 막아주는 구조이다.

합판마루의 표면단판은 원목마루보다 얇은 0.5~2mm의 두께로 플라이 합판층에 부착되는데 각 제조회사마다 단판이 열이나 일광에 갈라지지 않도록 강화처리를 하거나 내마모제와 UV제가 첨가된 우레탄 계통의 도장처리를 하는 방법이 사용되며 각 사별제품의 특징은 거의 이 부분에서 좌우된다. 또 합판마루의 장단점으로는 기층이 1급 내수합판으로 구성되어 있는 만큼 수분이나 열에 의한 변형이 덜하고 열전도율이 좋다는 장점과 원목에 비해 습도조절력이 떨어지고 주로 마루와 마루가 맞닿은 부분은 V자 형태로 생산되어 시공 시 홈이 마루길이에 따라 보인다는 것, 그리고 무늬목의 물성으로 인한 외부충격에 의한 흠집에 약하다는 단점이 있다.

● 구조

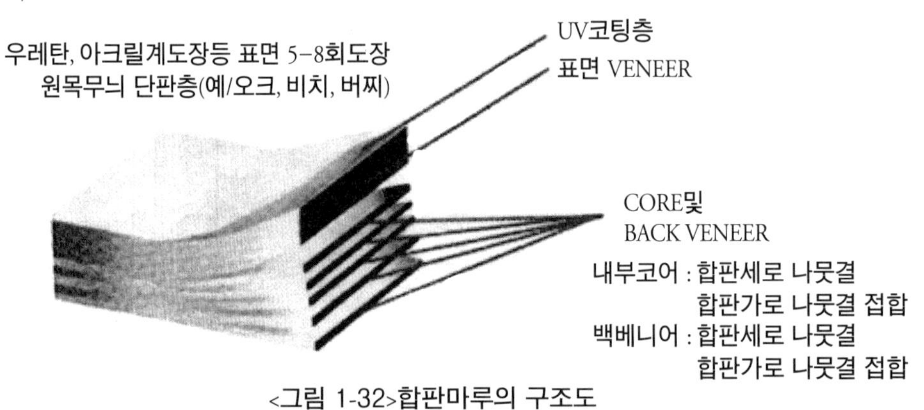

<그림 1-32>합판마루의 구조도

<표 1-7>합판마루의 특징(장단점)

구분	내용
장 점	- 천연질감 우수 - 비닐장판류 바닥재에 비해 정전기가 전혀 발생되지 않아 먼지, 머리카락 등의 청소가 쉽고 청결하고 위생적이다. - 강화마루처럼 엄청난 생산설비가 필요치 않아 어떤 업체에서도 쉽게 생산 할 수 있다.(단, 과다한 경쟁을 유발하여 생산원가를 낮춤으로서 품질저하가 우려된다.)
단 점	- 표면 내마모성이 아주 약하다. - 본드성분은 물과는 상극관계로 마루재 설치 시 수분이 절대 없어야 한다. - 3-4개월마다 목재용 왁스를 칠해 주어야 한다. - 실내습도를 45-55% 항상 유지시켜 줘야한다. - 물, 기름 등을 엎지른 경우 즉시 닦아 주어야한다. (물기를 흡수하면 부풀거나 변색이 될 수 있다.) - 탁자, 의자. 가구 다리 등은 반드시 헝겊, 가죽 등으로 감아 주어 마루표면의 긁힘 현상을 방지해 주어야 한다. - 가구, 의자, 피아노, 바퀴 등은 마루표면을 손상시킬 수 있어 원통형 바퀴나 평평하고 폭이 넓은 받침은 마루표면을 보호하는데 가장 적합하다. - 마루재 시공 후 이사짐 운반시 (피아노, 냉장고, 탁자, 의자 등) 반드시 골판지 박스, 스치로폼, 합판, 담요, 이불 등으로 마루 전체를 깔아 보양작업 후 운반을 해야 한다.

라미네이트 마루 (강화마루)

일명 복합재 마루라고 하며 삭편판 또는 섬유판 코어에 HPL이나 LPL을 표면판으로 접착시킨 복합재 구조를 하고 있다. 표면이 강화되어 강화마루라고도 하며 라미네이트의 특성상 기능성이 우수하며 유지관리가 쉬운 장점이 있다. 디자인을 다양하게 적용할 수도 있으나 전사지(Decorative paper)의 한계상 원목과 무늬단판에 비해 목재질감이 떨어진다. 표면이 강화되고 복합재 구조로 되어있어 박판상임에도 불구하고 현가식으로 시공되며 온돌용, 비온돌용, 상업용, 비상업용 구분이 없이 시공될 수 있다. 이러한 라미네이트 마루는 멜라민 화장판 전문회사인 스웨덴의 페르스톱사에 의해 세계 최초로 개발되어 뛰어난 기능성과 유지관리의 용이성으로 인해 목재마루의 새로운 분야로 취급되어 오고 있으며, 원목마루에 비해 뛰어난 가격 경쟁력 때문에 그 시장 규모가 급속히 확산되는 추세에 있다.

목재에서 섬유질을 분리 체취하여 내수, 내염수지를 첨가 고온, 고압으로 압축

성형 시킨 HDF(High Density Fiberboard)를 0.1~0.8m/m 두께로 특수코팅 처리한 제품을 말한다. 표면은 HPL 혹은 LPL로 강화 처리한 것으로 표면이 강하고 그 유지관리가 편리한 것이 특징이다. 강화마루는 상부의 라미네이트층, 중간의 코어층과 밑바닥에서부터의 습기를 차단하기 위한 하층부로 구성되어 있다. 특히 장점으로는 모양지의 종류에 따라 다양한 디자인과 패턴의 표현이 가능하여 유행에 따른 개성적이고 독창적인 인테리어 연출이 가능하다는 것과, 표면강도 및 그 내구성이 뛰어나 충격에 강하고 담뱃불, 약품 등에도 문제가 없다는 것으로 꼽을 수 있다. 또한 수년간 사용하여도 색상이 퇴색되거나 자국이 생기지 않으므로 별도의 표면재 처리가 필요없으며, 시공 또한 용이하고 청소와 유지보수가 편리하다는 등의 많은 실용성을 갖추고 있다. 다만 모양지와 그 표면의 멜라닌 라미네이팅 등으로 자연 질감이 상대적으로 떨어진다는 단점이 있다.

ii) 시공방법에 따른 분류

장선시공 마루

일명 근태시공 마루라고도 하며, 별도의 상작업이 요구된다. 콘크리트 바닥위에 방부처리 목재로 상을 대고 그 위에 바탕바닥을 수평시공 한다. 바탕바닥은 주로 구조용 합판이나 OSB와 같은 보드류로, 두께는 적어도 16mm 이상이어야 한다. 바닥 습기로부터 목재마루를 보호하기 위해 폴리에틸렌 필름을 깔아 하지로부터 수분침투를 억제한다.

하지의 상작업이 완료되면 바탕바닥 위에 원목마루를 암수쪽매 맞춤상태에서 숨은 못치기로 바탕바닥에 고정한다. 널판마루와 같이 넓고 두꺼운 마루는 나사못으로 시공을 하고 접착제를 칠한 다음 목재마개로 나사못을 감추도록 한다. 장선시공은 바닥 난방에서는 불가능하고, 목질로 된 바탕바닥 위에 시공하는 등 목재환경과 밀접한 관련이 있으므로 습도변이, 특히 하지로부터 습기유출에 따라 변형이 일어날 수도 있으므로 방어시공의 특성이 특별히 강조되어야만 한다. 이를 위해서는 각자 목재의 재료적 특성에 대해 올바른 지식이 필요하다. 현재의 소비자들이나 시공자들 그리고 기술자들은 목재에 대한 막연한 이상만 가지고 있을 뿐 객관적인 지식부족으로 상당히 접근하기 어려운 점도 없지 않다.

접착식 마루

접착식 시공은 장선시공의 복잡한 공정과 패턴시공을 할 수 없다는 단점을 보완하기 위해 개발되었으나, 온돌마루의 출현과 더불어 박판상 마루 즉 합판코어에 무늬목 단판을 접착한 박판상 마루는 장선시공을 할 수 없고, 대부분 콘크리트가 하지인 동양에서는 그 시공의 용이성으로 인해 많이 시공되는 유형중의 하나이다. 하지에 직접 접착하므로 마루판 자체의 규격 정밀성에 다소 여유가 있고, 수지 외에는 별도의 부자재가 없어 시공이 간편한 편이라 물류비용이 타 마루재에 비해 저렴한 장점이 있다. 에폭시 수지의 강력한 접착력으로 변형을 억제하고 마루재 배판의 배할가공 등을 통해 수축팽윤을 소재 자체가 흡수할 수 있도록 디자인 되어있다. 그렇지만 하지의 불충분한 양생으로 인해 습기가 유출되어 발생한 하자와 하지의 레벨 불량으로 인한 하자가 일어날 수도 있고 하자발생시 보수가 어렵다는 단점이 있다. 또한 에폭시 수지의 경화제가 주요원인인 알레르기와 피부 및 호흡기 질환 등 유독성 문제와 강력한 접착력으로 인해 개보수시 별도의 철거비용이 필요한 것 등이 단점으로 지적되기도 한다.

현가식 마루

원목마루의 숨은 못치기 시공은 공정상 많은 품이 들고 에폭시 수지를 사용하는 접착식 마루는 수지의 독성문제, 개보수시의 추가비용 등 시공상 어려운 점을 수반한다. 이의 개선을 목적으로 출현한 현가식 시공은 암수쪽매 접합디자인으로 凹부의 홈에만 접착제를 도포, 암수쪽매 부위만 접합되어 마루판이 하지로부터 떠 있게 된다. 이러한 시공방식을 현가식 시공(Floating installation)이라 하고, 이때 바닥의 가장자리에 수축 팽윤할 수 있는 공간확보가 무엇보다 중요하다. 판 전체가 움직이는 현가식 시공은 걸레받이가 잘 시공되어야 하고 각종 몰딩 마감이 완벽하게 시공되는 등 숙련된 기술이 필요하다. 국내에서는 바닥재 시공이 일반 PVC 상재 시공자가 온돌마루를 시공하는 경우가 많으나 마루시공은 목공의 일부로 보는 것이 타당하며 그에 준하는 기술습득과 시공기술이 필요하다고 할 수 있다. 현가식 시공은 필요 부자재가 많으며 시공원칙을 무시하면 시공하자가 발생하기 쉬울 뿐만 아니라 제품의 정밀성이 뛰어나야 한다는 한계점이 있다. 그렇지만 접착식 합판마루에 비해 차음성이 뛰어나고 보행감이 우수하며, 하자발생시 낱장의 마루판만 기술적으로 교체 및 보수할 수 있다는 장점이 있다. <표1-8>은 마루의 분류를 나타내었으며 <그림1-33>는 마루재의 시공예를 보여준다.

<표 1-8> 마루의 분류

구주에 의한 분류	용도에 의한 분류	원료에 의한 분류
원목마루	온돌용	원목마루
원목집성 마루	스포츠용	합판마루
합판마루	상업공간용	강화마루
강화마루		

<그림1-33> 마루재의 시공 예

(5) Compreg Wood

목질재료의 또 다른 특징은 해부학적 구조에 있어 많은 세포내공細胞內孔을 지녀 비중이 1.0보다 훨씬 작은 목질재료가 대다수라는 점이다. 이 세포내공이 결국 목질재료가 지니고 있는 단점, 즉 목질 재료의 수분에 의한 수축, 팽윤, 부후 등을 고분자 수지와 여러 종류의 채색재료를 흡입시켜, 목질재료의 고유질감과 완벽한 방부, 방충성 뿐만 아니라 목질재료의 수축, 팽윤에 따른 이 판상제품의 뒤틀림 현상도 제거한 매우 고가의 목질 판상제품이다.

매우 고강도와 낮은 열전도도 및 전기전도도 그리고 수축과 팽윤율이 금속보다 적으며 비교적 비중이 적은 재료를 요구하는 운송수단인 비행기, 자동차 및 전동차의 내장재료서 각광을 받기 시작한 목질재료木質材料이다. 세계 각국에서 앞 다투어 새로운 compreg wood 제조기술을 제안하고 있는바 앞으로 이 분야에 종사하는 연구자 및 기술자들의 관심과 기대할 수 있는 목재가공의 신기술이자 신물질이라 할 수 있다.

☺ 토론 ISSUES

1. 본질바이오매스(lignocellulosic biomass)의 1차 산업의 의미는 무엇인가?

2. 펄프 및 제지공정에서 배출되는 환경오염물질이나 부산물의 처리방안에는 어떤 것이 있는가?

3. 아파트 등의 주거용 건물에서 나타나는 소위 '새집 증후군'은 거의 건축자재에서 오는 경우가 대부분으로 알려져 있다. 합판, 집성재 및 특수목재를 사용하여 마루재, 벽재 및 내장재로 사용했을 때 이들 자재들로부터 방출되어 실내에 존재하게 되는 유해물질들은 어떤 것이 있는가?

4. 앞의 토론 issue 3에서 방출되는 유해물질을 최소화 시키거나 사용하지 않고 이들 목재를 원료로 하는 건축자재들을 생산할 수 있는 방안은 무엇이 되겠는가?

참고문헌

1. Enkvist, T., Alfredsson, B., and Martelin, J. −E. (1957). Determinations of the consumption of alkali and sulfur at various stages of sulfate, soda, and alkalinee and neutral sulfite digestion of spruce wood. *Sven, Papperstidn.* 60, 616~620

2. Gellerstedt, G. (1976). The reactions of lignin during sulfite pulping. *Sven, Papperstidn.* 79, 537~543

3. Gellerstedt, G., and Gierer, J. (1971). The reactions of lignin during acidic sulphite pulping. *Sven, Papperstidn.* 74, 117~127

4. Ghosh, K.L., Venkatesh, V., Chin, W.J., and Gratzl, J.S. (1977). Quinone additivess in soda pulping of hardwoods. *Tappi* 60(11), 127~131

5. Gierer, J. (1970). The reactions of lignin during pulping. *Sven. Papperstidn.* 73, 571~596

6. Gierer, J., Lindeberg, O., and Noren, I. (1979). Alkaline delignfication in the presence of anthraquinone/anthrahydroquinone. *Holzforschung* 33, 23~214

7. Goliath, M., and Lindgren, B. O. (1961). Reactions of thiosulphate during sulfite cooking. Part 2. Mechanism of thiosulphate sulphidation of vanillyl alcohol. *Sven. Papperstidn.* 64, 469~471

8. Gustafsson, L., and Teder, A. (1969). Alkalinity in alkaline pulping. *Sven. Papperstidn.* 72, 795~801.

9. Hansson, J.−A. (1970). Sorption of hemicelluloses on ceellulose fivres, Part 3. The temperature dependence on sorption of birch xylan and pine glucomannan at kraft pulping conditions. *Sven. Papperstidn.* 73. 49~53.

10. Holton, H.H., and Chapman, F.L. (1977). Kraft pulping with anthraquinone. *Tappi* 60(11), 121~125.

11. Ingruber, O.V. (1958). The influence of the pH factor in sulphite puping. *Tappi* 41, 764~772

12. Janson, J., and Sjostrom, E. (1964). Behaviour of xylan during sulphite cooking of birchwood. *Sven. Papperstidn.* 67, 764~771

13. Johansson, M.H., and Samuelson, O. (1974). The formation of end groups in cellulose during alkali cooking. Carbohydr. *Res. 34, 33-43.*

14. Johansson, M.H., and Samuelson, O. (1977). Alkaline destruction of birch xylan in the light of recent investigations of its structure. *Sven. Papperstidn.* 80, 519~524.

15. kaufmann, Z. (1951). Uber die chemischen Vorgange beim Aufschluss von Holz nach dem Sulfitprozess. Diss., Eidg. Tech. Hochsch. Zurich, Zurich.

16. Keppe, P.J. (1970), Kraft pulping. *Tappi* 53, 35~47.

17. Landucci, L.L. (1980). Quinones in alkline pulping. Characterization of an anthrahydroquinone-quinone methide intermediate. *Tappi* 63, 95~99.

18. Lowendahl, L., and Samuelson, O. (1977). Carbohydrate stabilization during kraft cooking with addition of anthraquinone. *Sven. Papperstidn*, 80, 549~551.

19. Malinen, R., and Sjostrom, E. (1975). The formation of carboxylic acids from wood polysaccharides during kraft pulping. *Pap. Puu* 57, 728~736.

20. Marton, J. (1971). reactions in alkaline pulping. In "Lignins"(K.V. Sarkanen and C.H. Ludwig, eds.), pp.639~694. Wiley(Interscience), New York.

21. Pekkala, O., and Palenius, I. (1973). Hydrogen sulphide pretreatment in alkaline pulping. *Pap. Puu* 55, 659~668

22. Rydholm, S.A. (1965). "Pulping Processes." Wiley(Interscience), New York.

23. Samuelson, O., and Sjoberg, L.-A. (1972). Oxygen-alkali cooking of wood meal. *Sven. Papperstidn.* 75, 583~588.

24. Sanyer, N., and Chidester, G.H. (1963). Manufacture of wood pulp. In "The Chemistry of Wood"(B.L. Browning ed.), pp.441~534. Wiley(interscience), New York.

25. Saukkonen, M., and Palenius, I. (1975). Soda-oxygen pulping of pine wood for different end products. *Tappi* 58(7), 117~120.

26. Schcon, N.-H. (1962). Kinetics of the formation of thiosylphate, polythionates and sulphate by the thermal decomposition of sulphite cooking liquors. *Sven. Papperstidn.* 65, 729~754.

27. Simonson, R. (1963). The hemicellulose in the sulfate pulping process. Patr 1, The isolation of hemicellulose fractions from pine sulfate cooking liquors. *Sven. Papperstidn.* 66, 839~845.

28. Simonson, R. (1965). The hemicellulose in the sulfate pulping process, Part 3, The isolation of hemicellulose fractions from birch sulfate cooking liquors. *Sven. Papperstidn.* 68, 275~280.

29. Sjostrom, E. (1964). Chemical aspects of high-yield pulping processes. *Nor, Skogsind.* 18, 212~233(In Sweed.)

30. Sjostrom, E. (1977). The behavior of wood polysaccharides during alkaline pulping processes. *Tappi* 60(9), 151~154.

31. Sjostrom, E., and Enstrom, B. (1967). Characterization of acidic polysac-charides isolated from different pulps. *Tappi* 50, 32~36.

32. Sjostrom, E., Haglund, P., and Janson, J. (1962). Changes in cooking liquor composition during sulphite pulping. *Sven Patterstidn*, 65, 855~869.

33. Stone, J.E. (1957). The effective capillary cross−sectional area of wood as a function of pH. *Tappi* 40, 539~541.

34. Teder, A. (1969). Some aspects of the chemistry of polysulfide pulping. *Sven. Papperstidn.* 72, 294~303.

35. Teder, A., and Tormund, D. (1973). The equilibrium between hydrogen.

36. sulfide and sulfide ions in kraft pulping. *Sven. Papperstidn.* 76, 607~609.

37. Vroom K.E. (1957). The “H” factor : A means of expressing cooking times and tedperatures as a single varable. *Pulp Pap. Mag. Can.* 58(3), 228~231.

38. Wood, J.R., and Goring, D.A.I. (1973). The distribution of lignin in fibres produced by kraft and acid sulphite pulping of spruce wood. *Pulp Pap. Mag. Can.* 74, T309~T313.

39. Yllner, S., and Enstrom, B. (1956). Studies of the adsorption of xylan on cellulose fibers during the sulphate cook, Part 1. *Sven. Papperstidn.* 59, 229~232.

40. Chang, H.−M., and Allan, G.G. (1971). Oxidation, *In* “Lignins”(K.V. Sarkanen and C.H. Ludwig, eds.), pp.433~485. Wiley(Interscience), New York.

41. Dence, C.W. (1971). Halogention and nitration. *In* “Lignins”(K.V. Sarkanen and C.H. Ludwig, eds), pp.373~432. Wiley(Interscience), New York.

42. Gierer, J, (1969). Possibilities of brightness−preserving pulping. *Scand. Symp. Lignin-preserv. Bleach., Oslo.* (In Swed.), p.11.

43. Gierer, J., and Imsgard, F. (1977). The reactions of lignins with oxygan and hydrogen perxide in alkline media. *Sven. Pappertidn.* 80, 510~518.

44. Hardell, H.−L., and Lindgren, B.O. (1975). Chemical aspects of bleaching kraft pulp with halogen−based chemicals. Part 1. Commum. Swed. For. kraft pulp with halogen−based chemicals. Part 1. *Commun. Swed. For. Prod. Res. Lab. Ser.* B No. 349. (In Swed.)

45. Lindgren, B. O. (1978), Chemical aspects of bleaching kraft pulps with halogen−based chemicals. Part 2. Commun. Swed. For. Prod. Res. Lab., Ser. B No. 504. (In Swed.)

46. Lindgren B., and Norin, T. (1969). The chemistry of extractives. *Syen. Pappertidn.* 72, 143~153. (In Swed.)

47. Malinen, R. (1975). Behaviour of wood polysaccharides during oxygen−alkali delignification. *Pap. Puu* 57, 193~204.

48. Malinen, R., and Sjostrom, E. (1972). Studies on the reactions of carbohydrates during oxygen bleaching. Part 1. Oxixative alkalline degradation of cellobiose. *Pap. Puu* 54, 451~468.

49. Norrstrom, H. (1972). Light absorpation of pulp and pulp components. *Sven. Paperstidn.* 75, 891~899.

50. O'Neil, F.W., Sarkanen, K., and Schuber, J. (1962). Bleaching. *In* "Pulp and Paper Science and Technology"(C. E. Libby, ed.), Vol. 1, pp.346~374. McGraw-Hill, New York.

51. Pfister, K., and Sjostron, E. (1979). Characterization of spent bleaching liquors. Part 6. Composition of materialdissolved during chlorination and alkali extraction(OCE sequence). *Pap. Puu* 61, 619~622.

52. Rydholm, S.A. (1965). "Pulping Precesses." Wiley(Interscience), New York.

53. Samuelson, O. (1970). Abbau von Cellulose bei cerschiedenen Bleichmethoden. *Papier* (Darmstadt) 24, 671~678.

54. Singh, R. P., ed. (1979). "The Bleachin of Pulp," 3rd ed. Tech. Assoc. Pulp Pap.Ind., Atlanta, Georgia.

55. Sjostrom, E. (1980). The chemistry of oxygen delignification. EUCEPA *Symp., Helsinki*, Vol. 1 : 4.

56. Sjostrom, E., and Enstrom, B. (1966). Spectophotometric determination of the residual lignin in pulp after dissolution in cadoxen. *Sven. Pappertidn.* 69, 469~476.

57. Sjostrom, E., and Valttila, O. (1972, 1778). Inhibition of carbohydrate degradation during oxygen bleaching. Part Ⅰ. Comparison of various additives. Part Ⅱ. The catalytic activity of transition metals and the effect of magnesium and triethanolamine. *Pap. Puu* 54, 695~705; 60, 37~43.

58. SSVL Environmental Care Project (1974). "Technical Summary," p.62. Stockholm. (In Swed.)

59. SSVL Environmental Care Project No. 7 (1977). "Chloride in Recovery Systems," Final report, p.23. Stockholm. (In Swed.)

60. BOLAM, F. (1962) The formation and structure of paper, Vol. Ⅰ~Ⅱ.

61. BRITT, K.W. (1970) Handbook of pulp and paper technology, 2nd ed., Van. Norstrand Reinhold Pub.

62. CALKIN, J.B. (1957) Mordern pulp and paper making, 3rd ed., Reinhold Pub.

63. CASEY, J.P. (1980) Pulp and paper, Vol. Ⅱ~Ⅳ, 3rd ed., Interscience Pub.

64. 門屋 卓(1979) 紙の科學, 中外産業.

65. ——— · 白田誠人 · 大江禮三郎(1982) 製紙科學, 中外産業.

66. Higam, R.R.A. (1968) A Handbook of paper marking.

67. Libby, C.E.(1962) Pulp and paper science and technology, Vol. Ⅱ, McGraw-Hill Book Co.

68. Macdonald, R.G. & J.N. FRANKLIN(1980) Pulp and paper manufacture, Vol. Ⅱ~Ⅲ, 2nd ed., McGraw-Hill Book Co.

69. 村井 操・中西 篤(1974) 製紙工學, 8版, 工學圖書.

70. 紙業タイム社(1980) 最新紙パルプ技術, 紙業タイム社.

71. Stamm, A.J.(1964) Wood and cellulose science, Ronald.

72. Campbell, W.B.(1947) Paper Trade J., 125 : 19.

73. Casey, J.P. (1952) Pulp and paper Vol. Ⅰ, Interscience Pub., 370.

74. Defibrator AB(1969) Fiberboard industry and trade Defibrato AB, Stockholm.

75. Fao(1976) Proceedings of the World Consultation on Wood based Panels, Miller Freeman Pub.

76. Harstad, L.(1956) Norsk Skogindustri, No. 6.

77. Helge, K.(1957) FAO/PPP/Cons. Paper 2, 4. June 2.

78. 池田修三(1957) 北林指月報, 63.

79. Kaila, A.(1968) Board industrin, In;Traindustriell Handbook, Vol. Ⅱ. p.351, A.B. Svensk Travarutidning, Stockholm.

80. Kollmann, F.F.P.(1975) Fiberboard, Principles of wood science and technology, Wood based Material Springer−Verlag.

81. LEE, H.H. & D.S. SHIN(1975) Seoul Univ. J.(B), 25 : 245~253.

82.———— et al.(1981) Physical and mechanical Prop. of urea−resin bonded dry process fiberboard, Unpub.

83.———— & L.P.W.(1974) Joun. of Kor. For. Soc., 24 : 45~52.

84. Maloney, T.M.(1977) Modern particle board and dry−process fiberboard manufacturing, Miller Freeman Pub.

85. Renteln, H.(1951) Svensk Papperstidning, No. 54.

86. Runkel, R.O.H.(1953) Holz als Roh−und Werkstoff, 11 : 12.

87. SHIN, D.S. & H.H. LEE(1970) Joun. of Kor. For Soc., 30 : 19~29.

88.———— · LEE, H.H. & C.S. SHIM(1975) Studies on the fire retardant treatment of wet forming mat for hardboard. Bull. of S.N.U. Forests, 11 : 35~46.

89. Swiderski, J.(1963) Holz als Roh−und Werkstoff, 21 : 217~225.

90. Wacek, A. & S. MERALLA(1952) Holzforschung, 6 : 3.

91. Wintergerst, E. & H. KLUPP(1933) Z. VDI, 77 : 91.

제3장 목재자원의 2차산업(목재자원의 화학공업산업)

이 장章에서 2차산업이란 앞으로 21세기가 추구하여야 할 목재산업을 3차산업이라 칭한다면, 지금까지 서술한 1차산업과 21세기가 추구할 목재산업을 3차산업이라고 할때, 이것 사이에 존재하는 모든 목재산업을 총칭하여 2차산업이라고 칭하고져 한다.

제 1 절 목질재료木質材料의 물리-화학적 구조

1.1 목재재료木質材料의 물리적 구조

(1) 목질재료木質材料의 해부학적 구조의 특징

목질木質재료는 세포로 구성되어 있으며, 그 세포벽은 셀룰로오즈 및 헤미셀룰로오즈가 리그닌의 접착성에 의해 아주 밀접하게 접합되어 있다. 이 세포벽인 셀룰로오즈의 구성과 배열, 생장차 및 개체 발생적인 변이에 따라 목질재료木質材料의 물리적-화학적 성질도 달라진다.

<그림2-1> 목재의 횡단 단면도

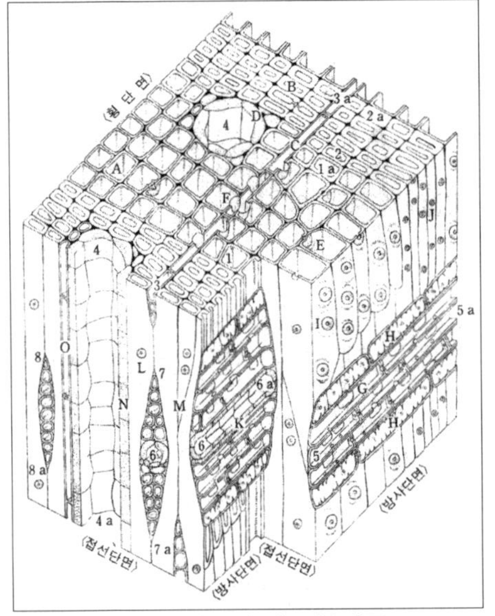

<그림2-2> 침엽수의 해부학적구조

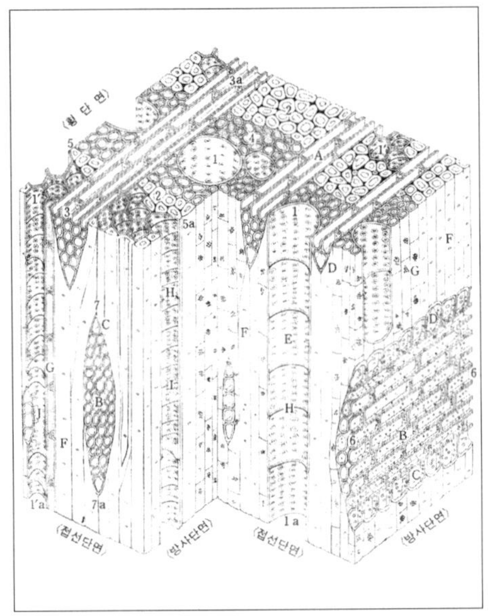

<그림2-3> 활엽수의 해부학적구조

⑵ 목질재료木質材料의 물리적 성질

① 장점

가공, 공작성이 우수하다.

가볍고 강하다(중량에 대한 휨강도가 철재보다 크다).

허용하중의 2배의 정하중에 견딘다.

열절연 효과 우수하다.

열팽창이 작다.
전기절연성이 크다.
점탄성적 성질이 있다.

② 단점
3방향에 따라 이방성이다.
함수율에 따라 치수 변화가 크다.
미생물, 곤충 및 기타 작용에 의해 열화작용이 심하다.
불에 탄다.

1.2 목질재료木質材料의 화학적 구조

(1) 목질재료木質材料의 원소조성

① 화학물질의 조성비
탄소(C) : 50%
수소(H) : 6%
산소(O) : 44%
기타(무기물 및 질소) : 0.1~0.3%

② 화학식
$C_{1.5}H_{2.1}O_{1.0}$

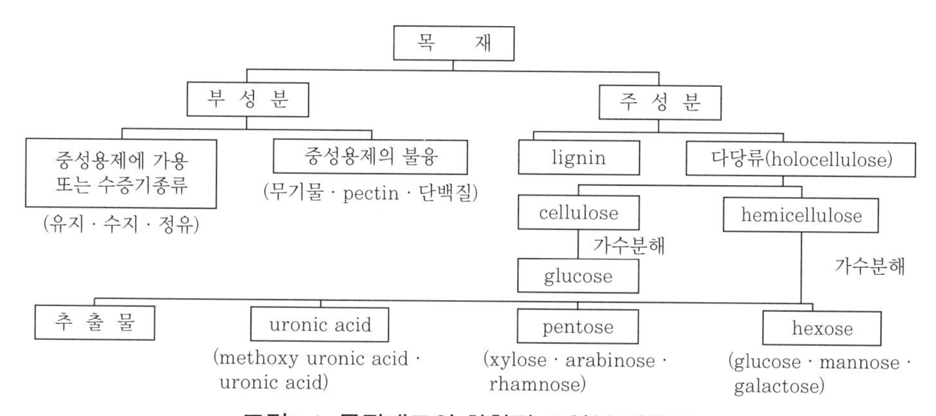

<그림2-4> 목질재료의 화학적 조성분 계통도

③ 목질재료의 화학적 조성비

o 침엽수

cellulose : 40~45%

hemicellulose : 11~20%

lignin : 27~30%

extractives : 2~5%

o 활엽수

cellulose : 45~50%

hemicellulose : 15~20%

lignin : 20~25%

extractive : 1%

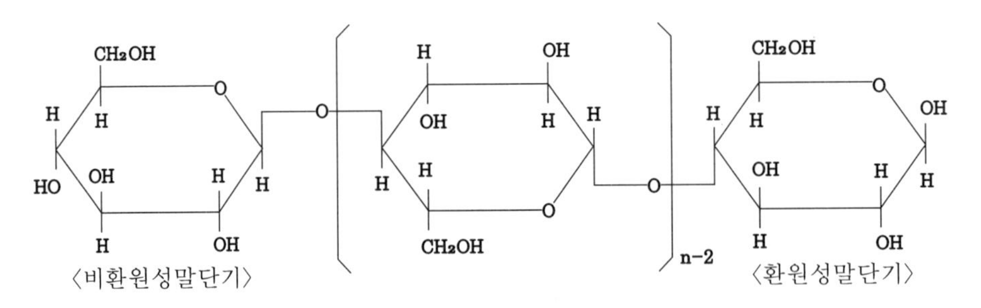

<그림 2-5> Cellulose의 구조식

(2) Cellulose(섬유소)

① 식물체 세포벽의 주성분

② 종류

o 목화섬유(cotton)

o 인피섬유

수피내의 도관부에 있는 섬유로, 아마, 대마, 황마 등의 마류와 닥나무의 인피부 섬유

o 목재섬유(wood fiber)

o 목재펄프(wood pulp)

o 기타섬유

볏짚, 밀짚, 보리짚 허스크, 갈대 등

③ 고분자적 구조

o 분자식

$(C_6H_{10}O_5)$ n = 중합도(DP : Degree of Polymerization)

= 10,000이상

(3) Hemicellulose

① 정의

육생식물의 세포벽을 구성하며, 냉수에 의해 추출되지 않고 묽은 알카리에 의해 용이하게 추출되며, 뜨겁고 묽은 무기산에 의해 비교적 용이하게 가수분해되어 pentose, hexose 및 uronic acid등을 생성하는 다당류

② 화학구조

o 수평균 중합도 : 약 200

o glucuronoxylan

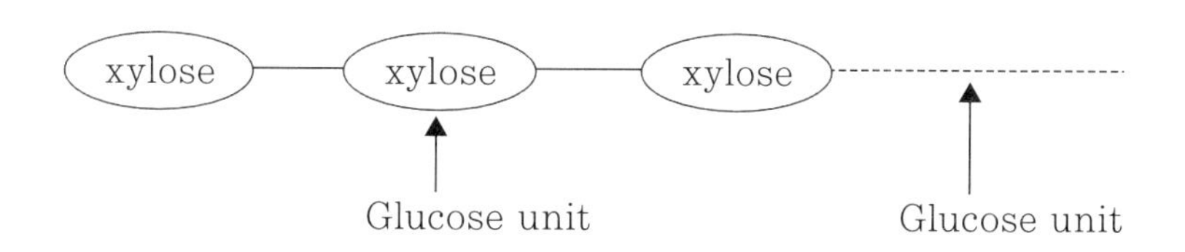

<그림2-6> 헤미셀룰로오즈의 글루코오즈 unit와 xylose의 결합구조

o arabinoglucuronoxylan

o Glucomannan

o Galactoglucomannan

o Arabinogalactan

(4) Lignin

o lignin은 목재를 의미하는 라틴어인 'lignum'에서 유래

o 산에 의해 가수분해되기 어려운 고분자의 무정형물질

o 목화(lignification) : lignin은 서로 교착되어 분해하기 곤란할 정도로 강한 결합.

o phenylpropane unit 구조

o 리그린의 모델구조(李, 1986)

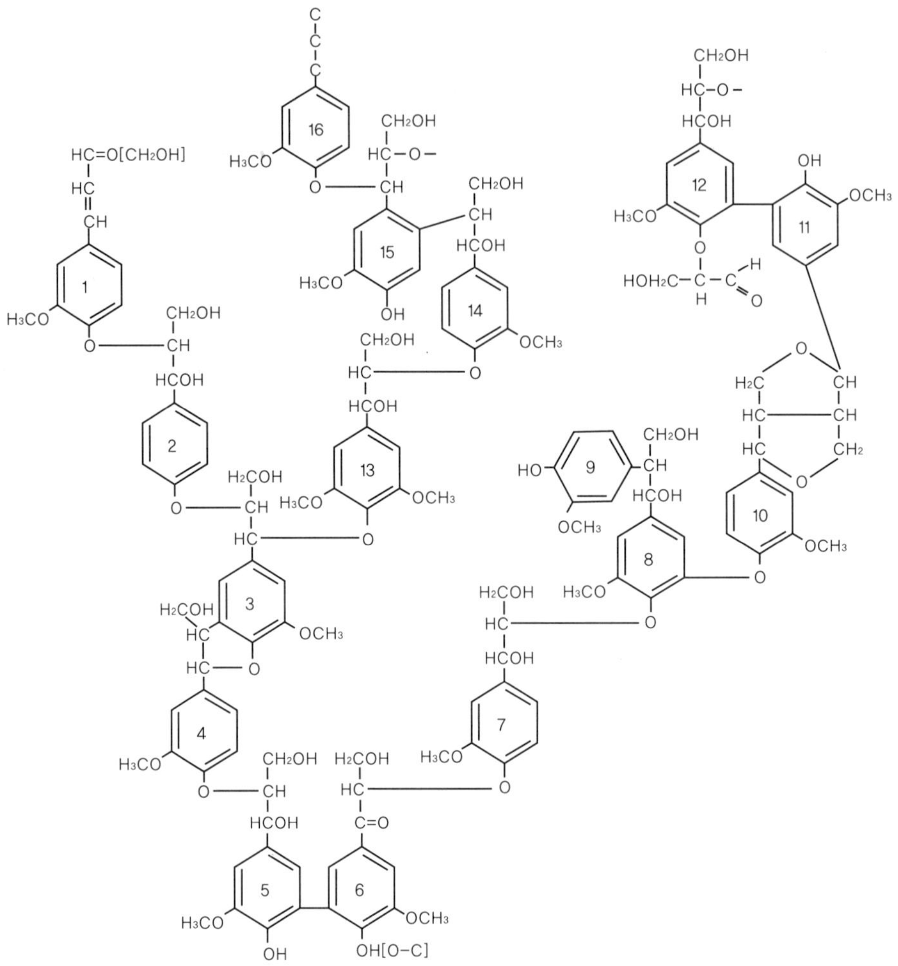

<그림2-7> **리그닌의 모델구조**(李, 1986)

(5) 추출성분(Extractives)

목재의 4대 성분 중의 한 성분으로 그 조성비는 약 1~2%에 해당하는 이 추출성분은 비록 목재성분 가운데 매우 미미한 성분이긴 하지만, 오늘날 생명공학 및 유전공학이 중요시되는 현대에 있어 이 추출성분이 신비의 묘약으로 개발되어 사용되는 경우가 은행나무잎 추출성분을 혈전 용해제로 사용하는 경우가 한 예로써, 다양한 추출성분의 개발은 21세기를 살아가는 차세대가 개발하여야 할 몫으로 분류된다. 지금까지 이 성분의 산업화 또는 자원화의 문제는 그 조성비가 1~2%밖에 되지 않아 이 성분을 목재의 주요성분 즉, 셀룰로오즈, 헤미셀룰로오즈 및 리그닌으로부터 순수한 상태로 분리하는 기술이 아직은 완성되지 못해 이 성분의 산업화는 지지부진한 이유이다. 그러나 앞으로의 21세기는 생명공학, 유전공학 및 전자공학이 주도하는 세대로 볼 때 생명공학과 관련될 수 있는 이 추출성분은 그 조성비는 미약하지만 21세기에는 주목을 받을 수 있는 성분으로, 목질자원의 3차산업에서 다시 논의하기로 한다.

① 정의

o hexane, benzene, ether, acetone, alcohol, 물 등의 중성용매 또는 수증기 증류에 의해 목재의 부성분으로 부터 추출되는 성분

② 종류

o tanin류

o lignan류

o 수지(resin)류

o terpenoid류

o flavonoid류 외 다수

제2절 목재자원의 화학공학적 응용과 산업

목재(목질)자원의 2차적 물리-화학적 가공을 통해 얻을 수 있는 산업을 말한다. 한 예로 과거 러시아가 유럽과의 끊임없는 전쟁이나 일본과의 러 · 일전쟁 때 극심한 식량부족 및 에너지 자원의 부족을 메우기 위해 목질자원의 탈리그닌화 즉 목질자원의 증해蒸解를 통해 순수한 셀룰로오즈를 얻고 이 순수 셀룰로오즈의 가수분해加水分解를 통해 셀룰로오즈로부터 글루코오즈(단당류)를 얻었고 이 글루코오즈로부터 알콜을 생산하여 에너지 자원의 부족을 보충한 경우가 있었다. 이와 같이 목질재료를 1차의 화학적 가공을 거치고 이들 1차 화학적 반응을 거친 물질을 2차의 화학적 가공을 통해 얻을 수 있는 산업을 목질자원의 화학공학적 2차산업이라 칭한다.

2.1 셀룰로오즈의 물리 화학적 성질

셀룰로오즈는 글루코오즈가 β, 1→4 결합한 D-glucopyranose 잔기가 수천에서 1만개 이상 직쇄상으로 결합된 고분자이며, 이것이 집합된 피브릴이라는 구조를 만들고 이것의 약 70%는 대단히 견고한 결합을 가진 결정영역으로 되어 있지만 산이나 효소에 의하여 가수분해하면 구성단위의 글루코오즈로 분해된다.

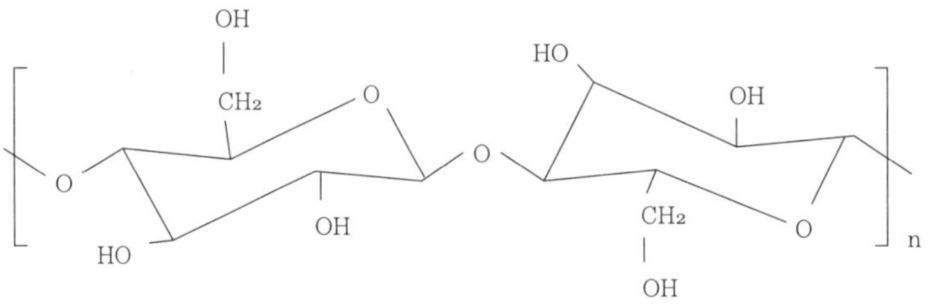

<그림 2-8> 셀룰로오즈의 β-1-0-4 glucoside 결합구조

Cellulose는 고등식물의 세포벽을 구성하는 주성분이며 섬유소라고도 한다. D-glucose가 β-1, 4-glucoside 결합을 한 유기물질로서 지구상에 존재하고 있는 천연유기물로서는 가장 많고 광합성에 의하여 생산되며, 석유, 석탄과 함께 천연 유기물로서 그 중요성은 점점 증가되고 있다.

Cellulose는 일반적으로 식물체중의 Lignin, Hemicellulose 등의 비셀룰로오즈 성분을 제거, 정제하여 얻지만, 대다수의 경우 비셀룰로오즈 성분이 많아 제거, 정제에 여러 가지 방법이 쓰이고 있다. 그 방법으로는 염소펄프법, 알칼리 펄프(소다법)법, 황산염법(황산염 펄프, 크라프트 펄프), 아황산법(아황산 펄프) 등이 있다. 그러나 비셀룰로오즈 성분이 남아 있어, 표백 알칼리 처리에 의해 정제 Cellulose를 얻는다. Cellulose분자량은 수만에서 수십만에 이르며 수산기를 가지고 있는 것과는 상관없이, 물에 녹지 않고 알칼리에서 팽윤 한다.

자연에 존재하는 중합체인 Cellulose는 대단히 강한 수소결합을 가지기 때문에, 높은 결정성, 용액에 대한 불용성, 그리고 유동성이나 용융성이 적으며, 고온에서 분해되는 성질들을 가지고 있으므로 직접 이용하는 데에는 다소 문제점이 있다. 이러한 이유로 천연Cellulose를 활용하기 위해 여러 가지 화학적으로 반응시켜 섬유나 플라스틱으로 많이 활용하고 있다.

⑴ 셀룰로오즈의 물리적 성질

① 크기와 비중

Cellulose 고분자는 섬유형태로 식물체에서 얻어지며, 생리기능에 따라 그 크기가 다양하다. 일반적으로 목재를 구성하고 있는 Cellulose섬유의 비중은 1.50~1.55로서 물보다 무겁다. 그러나, 섬유 내부가 빈 공간으로 구성되어 있어 건조목재나 펄프는 물보다 가벼워 물에 뜬다.

② 흡수성

Cellulose는 분자구조상 glucose 단위체당 3개의 유리수산기를 가지고 있으므로 합성섬유보다 흡수성이 높다. 즉, 상대습도 60%에서 목면은 함수율이 7~8%이고, 비스코스레이온은 12~16%에 달하며, 나일론은 4~4.5%, 폴리에스테르는 0.4%, 아크릴섬유는 1.5%정도이다.

③ 광학적 성질

Cellulose섬유는 결정성 때문에 현저한 복굴절과 이색성을 나타내므로 X선이나 현미경으로 결정구조를 관찰할 수 있다. 그리고, 편광현미경하에서 자외선을 조사하면 형광의 청색을 나타내므로 직포의 종류를 식별하는데 이용되고, 또한 Cellulose섬유는 광택을 나타내며, 특히 인조견사에서 강한 광택을 나타낸다.

④ 기계적 성질

천연 Cellulose는 다른 재료에 비하여 비교적 높은 절단저항을 나타낸다. 즉, Cellulose의 비교강도는 아래 표와 같이 높다. 그러나 셀룰로오즈 고분자 재료는 결정격자가 불연속적인 결합구조로 인해 금속이나 콘크리트와는 달리 허용하중이 낮다.

즉, 단위면적당 절단저항이 800kg/mm^{2}에 달하지만, 실제 강도가 낮은 것이 인접한 fibril 사이에 미끄럼이 일어나기 때문이다. 따라서 Cellulose와 같은 고분자재료의 강도는 중합도 외에 분자의 결정화도, 분자배열 및 형태적 구조에 따라서도 다르지만, Cellulose는 다른 고분자재료에 비하여 매우 이상적이다.

(2) 셀룰로오즈의 화학적 성질

① 전기적 성질

Cellulose는 전기적으로 부도체이지만 흡수성이 강하기 때문에 수분에 의하여 절연성이 감소된다. 따라서, 전기절연체로서는 직접 사용할 수 없으며, 일반적으로 흡수성이 약한 Cellulose유도체를 제조하여 사용한다.

한편, Cellulose섬유는 제지공업의 주원료로서 물속에 분산시킨 다음 초조, 건조하여 종이를 만든다. 이때 Cellulose는 화학구조상 수산기(-OH)의 함량이 많기 때문에 물과 서로 정전기적靜電氣的 이중층二重層을 형성한다. 이와 같이 전위차를 제타전위차라고 하며, 다른 이온을 흡착시킬 경우에는 전위차를 없애야 하고, 반대로 분리시킬 경우에는 전위차를 높여야한다.

② 열적 성질

Cellulose 는 110℃ 이상의 고온에서 장시간 가열하면 분해되며, 분해개시온도는 150℃ 이다. 그러나 고서와 같이 상온에서는 내구성이 높아 수백 년 동안 보존되는 것도 있다. 또한 Cellulose는 열적으로 부도체이므로 보온성이 높고, 열전도율이 17℃ 에서0.003cal/cm.sec.deg에 불과하며, 비열은 0.319cal/g이다.

<표 2-1> 목재와 금속의 물리적 강도 및 비중비교

구분	비중	인장강도	비인장강도
목재(편백)	0.44	12	2,700
duralumin	2.9	50	1,700
청동	9.0	140	1,600
강철	7.8	55	700
알루미늄	2.6	9	350

③ 팽윤과 용해

Cellulose는 분자구조에서 glucose가 선상으로 결합되어 있고, 인접한 사슬 사이에 수소결합과 반데르발스 힘에 의하여 응집된 고분자재료이기 때문에 적당한 용매를 사용하면 다른 고분자재료와 마찬가지로 팽윤된 후 분자형태로 해리되어 용액으로 변화된다.

이와 같은 현상을 '고분자의 용해' 라고 하며, 이것은 고분자의 가공에 있어서 중요한 성질이다. 따라서 고분자재료는 먼저 용매에 의하여 팽윤되며, 이때 용매를 흡수하여 체적이 증가되고, 조직의 응집력을 잃어 유연해진다. 즉, 무한히 팽윤되면 구성분자가 해리되어 용매에 분산되는데, 이와 같은 현상을 용해라고 한다.

Cellulose는 물이나 희석한 알칼리에 침지하면 체적팽창만 일어나지만, 다른 용매인 thiocyanate, 산화구리암모늄용액, 황산(65~95%), 진한 질산 등에 침지하면 팽윤된 후 용해된다. 이때 Cellulose가 일부 분해되는 경우도 있으므로 주의해야 한다.

2.2 증해공업蒸解工業(Pulping process)

⑴ 펄프(Pulp)의 정의

목재 chip이 어린 나무로 존재할 때에는 거의 셀룰로오즈 및 헤미셀룰로오즈 성분으로만 구성되어 있으며, 이때의 목재의 물리적 성질이 매우 유연하고 부드러우나 이 목재가 생목상태에서 점점 lignin의 양이 늘어나는 경우 나무는 목질화 한다. 펄프란 나무의 목질화의 원인이 되는 lignin 성분을 어떻게 제거하는냐이다. 화학약품에 lignin을 녹여, 녹지 않는 셀룰로오즈 및 헤미셀룰로오즈로 구성된 펄프를 얻는 방법 등 리그닌을 제거하는 방법에 따라 각종의 펄프를 생산한다.

(2) 펄프(Pulp)산업

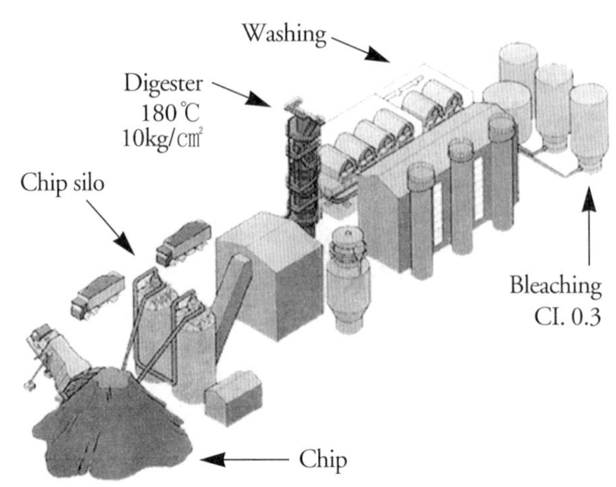

<그림 2-9> 우리나라 '동해펄프' 공장의 조감도

목질木質바이오매스의 1차산업에서 펄프산업이란 단순히 종이를 제조하는 제지산업製紙產業의 원료를 제조하는 산업으로 취급되어 왔지만, 관련 화학공업의 발달과 더불어 이 펄프산업은 엄청난 잠재력과 응용성을 지니고 있는 산업으로 앞으로의 장章에서 다루려고 한다.

① 기계 펄프(mechanical pulp)

- 기계적인 힘에 의해 lignin을 섬유소 성분과 물리적으로 분리시켜 목재의 목질화성질을 제거시켜 종이의 원료로 사용할 수 있는 펄프.
- 이러한 기계펄프(mechanical pulp)를 제조하는 수단에 따라 여러 종류의 기계펄프를 생산한다.

ⅰ) 리파이너 기계펄프 (refiner mechanical pulp, RMP)

- 리파이너 (refiner)란 쇄목碎木기계를 사용하여 섬유소성분과 리그닌성분을 물리적으로 분리하여 제조한 펄프.
- 고해정도가 높아 인열강도 및 습지강도가 다른 기계펄프보다 높다.
- 여러 종류의 1회성 종이의 원료로 사용한다.

ii) 열기계 펄프 (thermo mechanical pulp, TMP)

- 열기계 펄프는 리파이너 기계펄프화법에 섬유판 제조용 아스플런트 (Asplund)법을 조합시킨 것으로 리파이너 기계펄프화법의 1차 리파이닝을 증기 가열 리파이닝으로 대체한 공정으로 제조한 펄프
- 섬유장이 보존된 강도특성이 뛰어난 펄프
- 포장용 박스의 원료로 사용하기에 적합한 펄프

② 반기계 및 반화학펄프(semi-mechanical or chemical pulp)

- 리파이닝의 전처리로서 약품에 의한 화학적 처리와 가열처리를 동시에 하여, 펄프화한 것으로 기계 또는 열기계펄프의 질質을 향상시킨 펄프.
- 문구용 종이 및 사무용 종이의 원료로 사용.
- 기타 소모성 종이의 원료로 사용.

③ 화학펄프(chemical pulp)

- 화학약품으로 목재 속의 리그닌을 거의 제거한 펄프로, 매우 다양한 종류의 종이 및 고급종이를 제조할 수 있는 펄프.
- 화학펄프를 제조하기 위해 사용하는 약품 또한 매우 다양하며 이 펄프의 강도를 증가 시키기 위해 여러 종류의 새로운 화학약품 및 증해(Pulping)공정이 개발 되었음.
- 서적용지, 그래픽용지, 백상지 등의 고급지 제조의 원료.
- 기타 수백종의 특수용도에 사용되는 특수지의 원료.

i) 크라프트 펄프(kraft pulp)

Eaton이란 사람이 1870년에 발명한 이 펄프화법은 NaOH 와 Na_2S 를 사용하여 목재의 탈脫리그닌화반응(delignification reaction)을 유도하는 기술로 미국특허를 획득한 이후 지금까지 거의 130여년 동안 펄프공업을 주도하여 왔다. 1870년대 이전까지 목재의 탈脫리그닌화반응은 주로 NaOH를 사용하여 펄프를 제조하는 소위 소다법이 주 산업공정이었으나 이 소다법은 여러 약점 즉 펄프의 강도가 약하다는 등의 문제점을 노출하여 펄프산업에 큰 장애요인이었다. 이러한 현실에서 이 크라프트법은 우선 소다법에 비해 펄프의 강도가 월등히 강하여 독일

어원인 '강하다 = Kraft' 라는 용어를 사용하게 되었다. 이러한 크라프트법(Kraft process) 의 여러 특징은 다음과 같다.

- 펄프의 강도가 크다.
- 폐액의 증발, 농축 및 연소를 통한 폐액의 회수가 완벽하여 경제적이며 동시에 환경오염을 최소화 할 수 있다.
- Na_2S 의 사용으로 인해 매우 독하고 역겨운 냄새로 인해 이러한 악취를 제거하는 system 이 요구되는 단점이 있다.
- 크라프트 펄프화법에 주로 사용되는 용어는 다음과 같다.

총약품 (Total chemical) : 용액 중에 존재하는 총 Na염

총알칼리 (Total alkali) : $NaOH + Na_2S + Na_2CO_3 + 1/2Na_2SO_3$

활성알칼리 (Active alkali) : $NaOH + Na_2S$

유효알칼리 (Effective alkali) : $NaOH + 1/2Na_2S$

활성화도 (Activity) : 총알칼리에 대한 활성알칼리의 백분율

황화도 (Sulfidity) : 활성알칼리(혹은 총알칼리)에 대한 Na_2S 의 백분율

가성화도 (Causticity) : 활성알칼리에 대한 NaOH 의 백분율

스멜트 (Smelt) : 흑액을 연소하여 얻은 무기용융물, 주로 Na_2CO_3 와 Na_2S 로 구성되어 있음.

보충약제 (Make−up chemical) : 회수공정에서 손실된 소다분을 보충하려고 넣어주는 약품으로 Na_2SO_4 가 이용됨.

흑 액 (Black liquor) : 증해폐액으로 회수로에서 연소되기 전까지의 흑색의 액.

녹 액 (Green liquor) : 흑액을 연소시켜 얻은 스멜트를 물에 용해시켜 얻은 녹색을 띤 액으로 그 주성분은 Na_2CO_3 와 Na_2S.

백 액 (White liquor) : 녹액을 가성화시켜 얻은 액으로 증해액으로 사용된다.

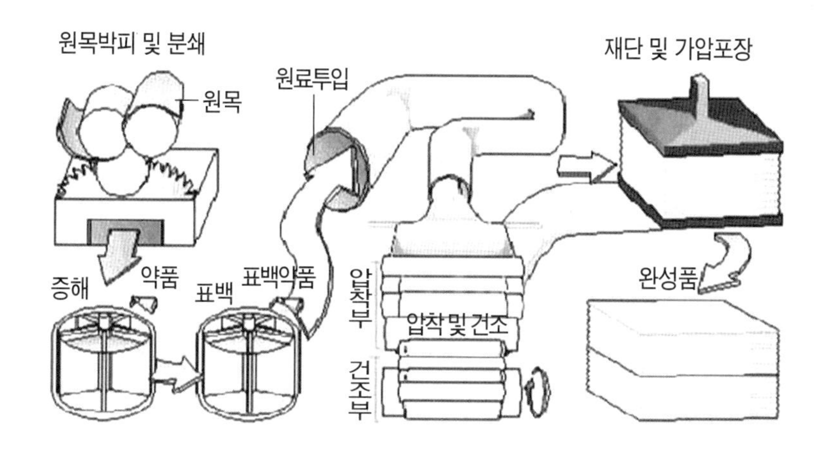

<그림 2-10> 화학펄프와 표백의 공정도

ii) 아황산 펄프 (sulfite pulp)

아황산 펄프화법(sulfite pulping process)은 크라프트 펄프화법이 가지고 있는 단점 즉 크라프트 펄프의 표백이 쉽지않은 결점을 해결하기 위한 새로운 방법으로 1874년 부터 스웨덴에서 본격적 아황산 펄프가 생산되었으나 크라프트 펄프에 비해 여러 단점이 노출되어 오늘날 그 생산량은 매우 제한적으로 북유럽, 카나다 및 러시아 지역에 한정되어 생산되고 있는 실정이다.

아황산 펄프 제조의 쇄퇴원인은 ①사용할 수 있는 수종樹種의 제한. ②펄프의 강도가 크라프트 펄프에 비해 현저히 저하. ③폐액회수가 거의 불가능. 등의 약점으로 인해 지금까지 쇄퇴의 길을 걸어왔다. 이에 이 아황산 펄프화법을 보완한 방법으로 안트라퀴논(anthraquinone) 및 마그네슘을 첨가하는 마그네파이트법(magnefite process)에 의한 중아황산증해법 등이 공업화에 성공하였으나 여전히 큰 발전은 이룩하지 못한 증해 공정이다.

iii) 기타 증해 공정

화학 증해법에서 크라프트 증해법(Kraft process) 및 아황산 증해법(sulfite process) 모두 현대의 고도화된 산업사회에서 이미 공해산업으로 자리매김을 받고 있어, 새로운 화학 증해법(chemical pulping process)의 개발은 매우 시급하며 당연하다고 알려져 있다.

이에 여러전문가 및 관계 산업계에서 제안한 여러 증해법은 공기나 물의 오염을 방지할 수 있는, 그리고 증해폐액의 회수를 통해 이들 공해물질의 방출을 방지하고 동시에 생산의 경제성을 높히는 방향으로 많은 연구와 기술이 제시되었다. 이들 증해법을 제시하면 유기용매증해법(Organosolv Process)과 소다 안트라퀴논(Soda – Anthraquinone) 증해법 등이 있다.

• 유기용매 증해법(Organosolv Process)

메틸알콜, 에틸알콜, Triethyleneglycol(TEG) 등의 유기용매를 $AlCl_3$ 및 금속촉매를 사용하여 증해하는 방법, 극성極性을 띄는 메틸알콜($CH_3OH \rightarrow CH_3^+ + OH^-$), 에틸알콜($C_2H_5OH \rightarrow C_2H_5^+ + OH^-$) 의 극성기들이 리그닌의 이중결합구조를 촉매의 작용에 의해 공격하여 설脫리그닌화반응을 촉진하므로 증해시키는 방법이다.

• 소다 안트라퀴논법(Soda–Anthraquinone Process)

크라프트법(Kraft Process)에 의해 생성된 증해폐액의 여러 독성성분 (예 : 메틸머캡탄)등으로 인해 공해물질의 생성을 줄이고 동시에 펄프수율(Pulp yield) 를 증가 시킬 수 있는 크라프트법의 개선된 증해법으로 이미 여러 증해공장에서 채택하고 있는 증해법이다.

<표 2-2> 펄프화법에 의한 펄프의 종류 및 특성

구분	기계 펄프화법	반화학 펄프화법	화학 펄프화법
방 법	약품과 열을 전혀 사용하지 않거나 약간 사용하며, 기계적인 에너지에 의하여 펄프화	화학적, 기계적 처리를 병용하여 펄프화	약품과 열이 이용되며, 기계적인 에너지는 거의 사용하지 않는다.
종 류	쇄목펄프 가압쇄목펄프 리파이너 펄프 열기계 펄프	화학쇄목펄프 화학열기계펄프 중성아황산 반화학 펄프 크라프트 반화학 펄프	아황산펄프 크라프트펄프 알칼리펄프
수 율	고수율(85~98%) 리그닌 함량(20~35%)	중간수율(55~85%) 리그닌 함량(10~30%)	저수율(40~55%) 리그닌 함량(3~10%)
섬유의 특성	섬유가 짧고, 순수하지 못하다. - 약하다 - 불안정하다	중간 정도의 성질을 지니며, 일부 독특한 성질을 지닌다.	섬유가 길고 순수하다. - 강하다 - 안정하다
인쇄성	양호	양호	불량
표백성	불량	불량	양호
지 종	신문용지 사용	신문용지, 저급지 사용	인쇄용지 사용

2.3 제지공업製紙工業

(1) 제지(Paper making)

펄프를 주원료로 하여 각종 기계적, 화학적 처리를 통해 용도에 알맞은 지질의 종이를 제조하는 것을 제지(Papermaking)라고 한다.

종이의 제조공정은 크게 조성공정, 초지공정, 도공공정, 완공공정으로 나뉘어진다.

조성공정은 종이의 주원료인 펄프를 물에 해리 (펄프섬유를 물에 풀어 떨어지게 하는 과정)시킨 다음 적당한 수준에 도달할 때까지 고해(종이를 뜨기 위해 펄프 섬유에 물을 가하여 이루어지는 기계적 처리로 주로 섬유의 절단)하고, 이어 필요에 따라 사이즈제, 충전제, 보류향상제 및 기타 첨가제를 잘 교반하면서 배합한 후 정선과정을 거쳐 지료를 제조하는 작업으로서 종이의 품질을 좌우하는 가장 중요한 공정입니다.

이렇게 조성공정을 거쳐 손질된 지료는 초지기(Paper Machine)로 이동되어 실제 종이를 뜨는 제지의 중심단계인 초지공정으로 넘어간다. 이 초지공정에서 비로소 일정한 농도의 지료를 와이어(Wire)상에 지필(Web)을 형성시킨 다음 탈수 및 건조처리를 통해 종이가 제조되는 것이다.

초지공정을 마친 종이는 그 제품자체를 판매하기도 하나 고급 인쇄용지로 탄생하기 위해서는 도공공정을 거치게 된다. 도공공정은 표면에 도공안료를 도포하여 종이의 평활성, 광택도, 잉크흡수의 균일성, 표면강도, 그리고 종이의 백색도 등을 개선하는 작업으로 도공공정을 마친 종이로는 아트지, 스노우화이트지, 경량코팅지 등이 있다.

이렇게 초지공정과 도공공정을 마친 종이는 비로소 완공공정에서 규격에 따라 재단, 포장되어 소비자에게 판매되는 것이다.

⑵ 제지공정

조성공정 ⇨ 초지공정 ⇨ 도공공정 ⇨ 마무리공정

① **조성공정**

<그림 2-11> 제지를 위해 해섬解纖을 기다리는 펄프(왼쪽)와 펄프의 해섬공정解纖工程(오른쪽)

펄프를 물에 해리시킨 다음 적당한 수준에 도달할 때까지 고해하고, 이어 필요에 따라 사이즈제, 충전제, 보류향상제 및 기타 첨가제를 넣어 잘 교반(휘저어 섞음)하면서 배합한 후 정선과정을 거쳐 지료紙料를 제조하는 공정으로 종이의

품질을 좌우하는 가장 중요한 공정이다.

이 조성공정은 i) 고해(Beating) ii) 사이징(Sizing) iii) 충전(Loading) iv) 착색(Coloring) v) 정선(Cleaning) 등의 단계를 거친다.

i) 고해(Beating)

• 해리

Pulper에 종이의 원료가 되는 펄프나 고지를 넣고 물과 함께 교반(휘저어 섞음)하여 섬유를 완전히 분리시키는 작업.

• 고해

지필을 형성시키기 위해 펄프 섬유에 물을 가하여 이루어지는 기계적 처리로 섬유를 절단하거나 짓이기는 작업.

ii) 사이징(Sizing)

친수성의 셀룰로오즈 섬유로 구성된 종이는 본질적으로 물을 잘 흡수하는 특성을 지니고 있다. 흡수지, 화장지 및 종이수건 등과 같은 지종은 종이의 우수한 흡수특성을 활용한 제품이라고 할 수 있다. 하지만 이 밖의 지종은 사용 또는 인쇄시 그 정도는 다를지라도 어느 정도의 내수성을 필요로 한다.

종이에 내수성을 부여하기 위해서 사용되는 물질을 사이즈제(sizing agents)라고 하며, 그 공정을 사이징이라고 부른다. 1807년 독일의 Moritz Illig가 최초로 로진과 알람을 이용하여 종이에 소수성을 부여한 이래, 이들 두 물질을 이용하여 사이징하는 방식이 가장 일반적으로 활용되어 왔다. 하지만 근래에 들면서 AKD(Alkyl Ketene Dimer)와 ASA(Alkenyl Succinic Anhydride)를 이용하는 새로운 사이징 방식이 개발되어 점차 그 적용범위가 확대되고 있는 실정이다.

사이즈제의 종류에는 AKD, ASA, 왁스, 분산로진 사이즈 등의 에멀션 형태 사이즈제와 검화로진 사이즈제 등이 있다.

iii) 충전(Loading)

1764년 영국에서 처음으로 Clay를 충전의 주원료로 사용한 특허가 발표된 이후, 1852년에는 미국이 처음으로 Clay를 주원료로 사용하여 충전하였다.

충전공정이란 원지 위에 백색안료와 바인더를 주성분으로 하는 충전액

(loading materials)을 충전한 종이를 말한다. 충전의 목적은 종이의 백색도, 광택 등 미적인 상품가치 향상과 인쇄적성의 향상에 있다.

iv) 착색(Coloring)

충전 또는 도공(Coating)공정과 유사한 공정으로 종이의 미적개선이나 인쇄된 종이제품을 읽을 때 시력 등을 보호하기 위해, 또는 특수한 목적을 달성하기 위해 염료 또는 안료를 초지 또는 도공공정에 투입하는 공정을 말한다.

v) 정선(Cleaning)

종이의 인쇄적성이나 평활도 등 우수한 지질紙質을 유지하기 위해 해리나 고해공정을 충분히 받지 못한 섬유소를 추려내는 공정.

② 초지공정

조성공정에서 손질된 지료紙料를 사용하여 초지기(Paper Machine)에서 실제 종이를 뜨는 제지의 중심단계로서 일정한 농도의 지료를 와이어(Wire)로 떠올려 지필(Web)을 형성시킨 다음 탈수 및 건조처리를 하여 종이를 제조한다.

<**그림** 2-12> **헤드박스**(Head Box)

혼합된 지료紙料를 와이어에 균일하게 분사시키는 공정이 초지공정의 시작이다.

헤드박스에서부터 초지기의 건조공정에 들어가기 전인 압착부에 이르기까지는 지필이 습한 상태로 존재하므로 이 부분을 습부(wet end)라고 하며 이 부분에서는 계면동전현상, 응집(flocculation), 보류(retention), 탈수(drainage) 등 많은 물리-화학적 현상이 발생한다.

제지공정의 핵심부분이라 할 수 있는 이 습부공정을 습부초지라 한다.

헤드박스(headbox)를 과거에는 플로우박스(flow box) 또는 브레스트박스(breast box)라고도 불렀다. 헤드박스는 팬 펌프에 의해 공급된 지료를 초지기의 폭방향에 걸쳐 균일한 속도로 와이어 상에 사출시키는 설비로 크게 지료분배부(fluid distribution), 흐름조정부(flow rectification) 및 지료사출부(jet development)의 세 부분으로 이루어져 있으며, 종이의 가장 중요한 품질특성인 지합(formation)에 결정적인 영향을 미치는 초지기의 핵심부분이라 할 수 있다. <그림2-12>, <그림2-13>, <그림2-14>, <그림2-15>, <그림2-16>그리고 <그림2-17>이 초지공정에 속하는 그림이다.

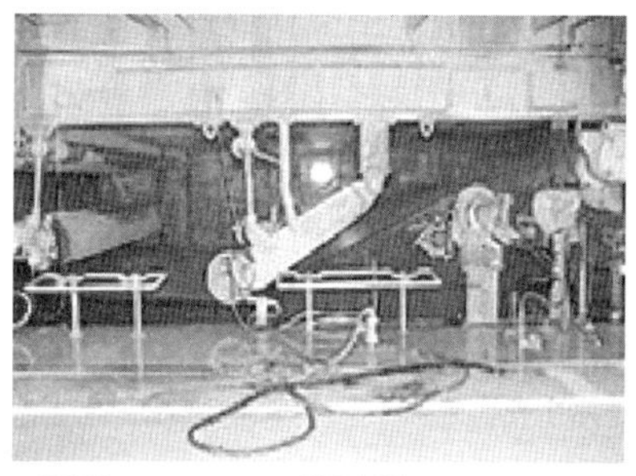

<그림2-13> Wire(와이어)
탈수시켜 지필(Web)을 형성시킨다.

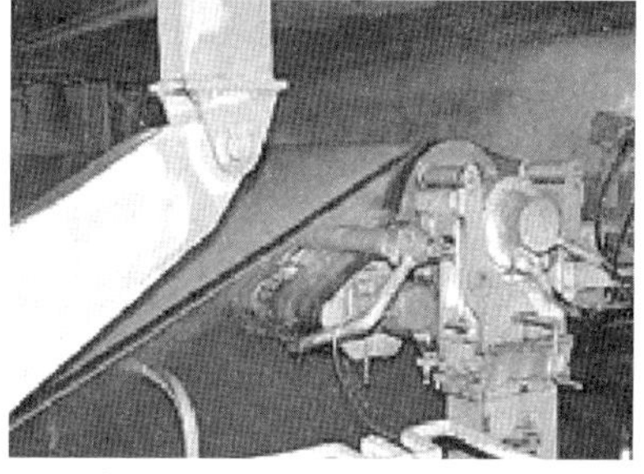

<그림2-14> Press(프레스)
남아있는 수분을 모포에서 일정부분 탈수 시킨다

<그림2-15> Pre Dryer(프리 드라이어)
120℃~130℃의 스팀으로 남아있는 수분을 제거시킨다. 수분 제거 및 제품 표면의 평활도 유지, 수축율 조절을 목적으로 한다.

<그림2-16> Air Dryer(에어 드라이어)
온도와 압력을 가해 종이의 평활성을 높여주고 광택을 낸다.

<그림2-17> Dryer(드라이어)
스팀으로 종이의 수분함량을 3~6%로 건조시킨다.

<그림2-18> Size Press (사이즈 프레스)
수분이 3~4%되는 상태에서 전분, 안료 등을 코팅시킨다

<그림2-19> Soft Calender(소프트 카렌다)
온도와 압력을 가해 종이의 평활성을 높여주고 광택을 낸다.

<그림2-20> Reel Part(릴 파트)
완성된 종이를 스풀에 감는다.

③ 도공공정

초지공정을 마친 종이의 표면에 <그림2-18>과 <그림2-19>에서 보는 바와 같이 도공안료를 도포하여 종이의 평활성, 광택도, 잉크흡수의 균일성, 표면강도, 그리고 종이의 백색도 등을 개선하는 것으로 주로 고급 인쇄용지의 생산에 적용된다. 도공공정을 마친 종이는 아트지, 스노우화이트지, 경량코팅지 등 일반적인 종이의 용도로 분류된다.

<**그림**2-21>Rewinder
안료 등을 BP(Base-paper)에 도공한 후 Blade로 일정하게 깎아준다.

<**그림**2-22> Calender(**카렌다**)
종이를 다림질하는 곳으로 8개의 롤로 이루어져 있으며, 스팀으로 온도를 올리고 압력을 가하여 광택도와 평활도를 내는 공정이다.

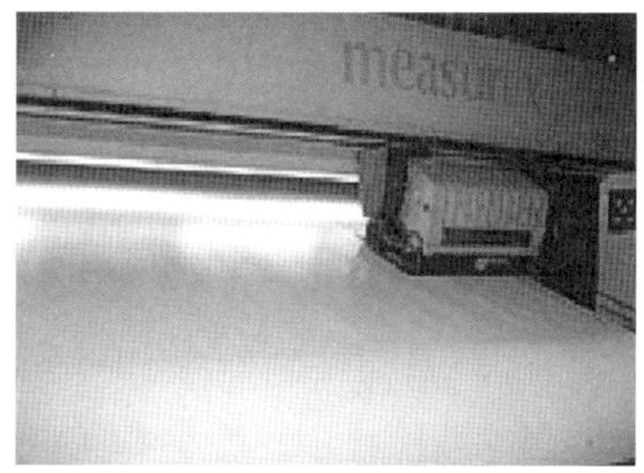

<**그림**2-23> Scanner(**스캐너**)
도공량과 수분profile, 두께profile 등의 종이의 주요 물성과 균일성을 On-line으로 체크한다.

<**그림**2-24> Winder(**와인더**)
스캐너를 통과한 완성된 종이를 Spool에 감아준다.

<**그림**2-25> Winder(**와인더**)
규격별로 잘라서 감아준다.

④ 마무리공정

초지와 도공공정을 마친 종이를 규격에 따라 재단, 포장하는 공정이다. <그림 2-20>에서 <그림2-29>에 이르기까지의 공정이 마무리 공정에 속한다.

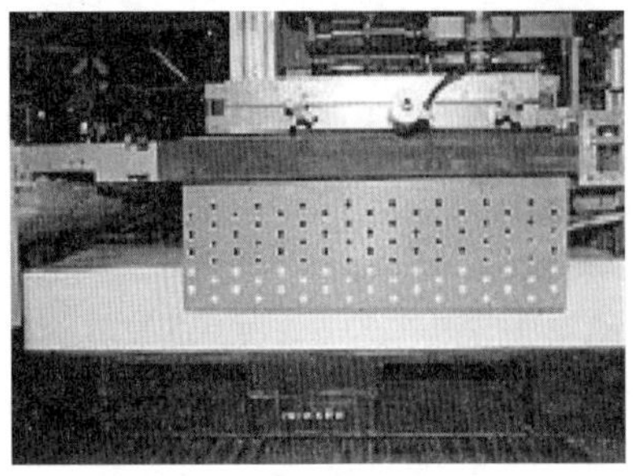
<그림2-26> Cutter(커터)
종이를 원하는 규격으로 잘라준다.

<그림2-27> Stacker(스태커)
규격별로 잘린 종이를 주문의 규격대로 쌓는다.

<그림2-28> Wrapping(포장)
규격별로 잘려진 종이를 포장한다.

<그림2-29> 제품이송
포장된 제품을 제품창고로 이송한다.

(3) 종이의 종류에 따른 제조 공정도

① 백상지의 제조공정

펄프 → 해리 → 정선 → 탈수 → 압착 → 건조 → 광택 → 권취 → 재단 → 제품

② 위생용지 제조공정

펄프 → 고해 → 지료탱크 → 세정 → 혼합 → 건조탈수 → 보조권취지 → 절단기 → 제품

③ 판지 제조공정

펄프/고지 → 해리기 → 세척 → 성형 → 초지 → 건조 → 후처리(코팅) → 재단 → 제품

④ 인쇄용지, 신문용지 제조공정

펄프 / 고지 → 해리기 → 정선 → 탈수 → 압착 → 건조 → 광택 → 재단 → 제품

⑤ 크라프트지 제조공정

펄프 / 고지 → 해리기 → 세척 → 조약 → 초지 → 건조 → 코팅 → 재단 → 검사 → 제품

(4) 그림으로 본 종이의 제조공정도

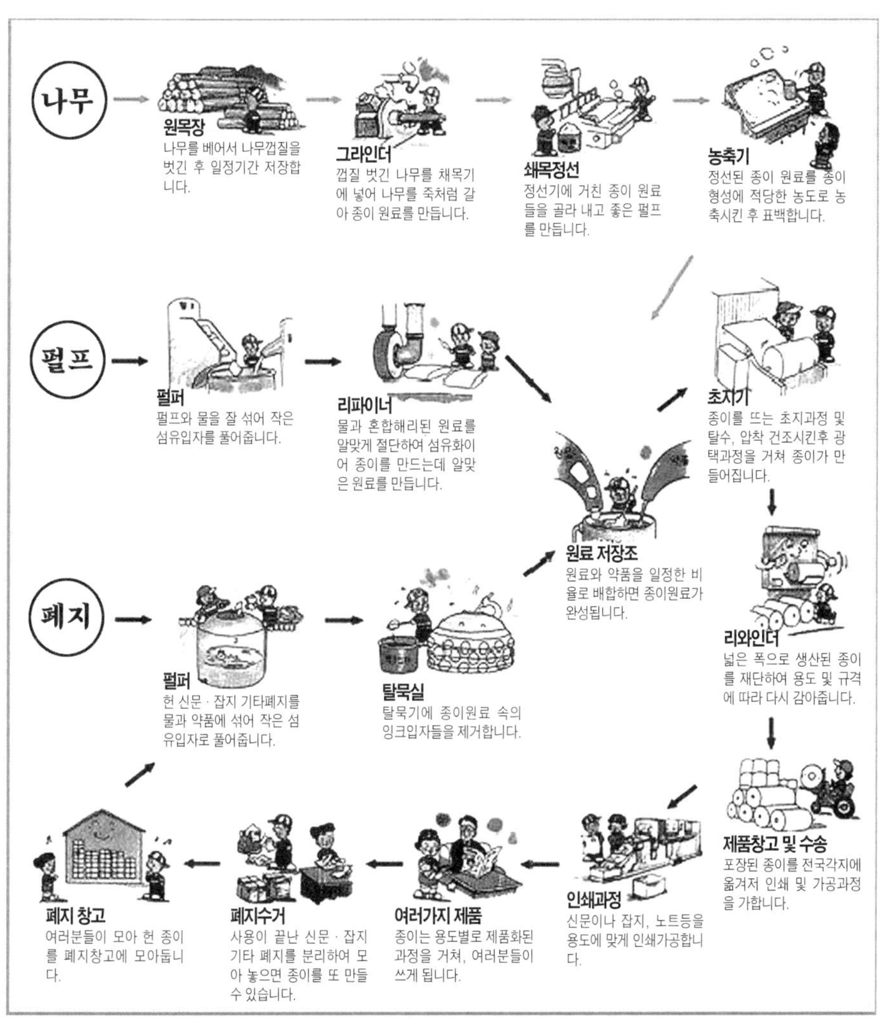

<그림 2-30> 그림으로 본 종이의 생산, 사용 및 재생공정

화학펄프 및 쇄목펄프와 최근 환경의 중요성과 더불어 제지회사들이 많은 관심을 갖고 추진하고 있는 원료가 바로 재생펄프이다.

우리가 흔히 리사이클링(Recycling) 혹은 재생지 라고 알고 있는 종이를 만드는 원료가 이 재생펄프인데, 재생펄프는 이미 만들어져 사용된 종이를 다시 재활용하여 종이를 만드는 원료인 펄프를 얻어내는 것을 말한다.

우리가 가정 또는 직장 등에서 분리수거한 종이는 중간폐지수집상을 거쳐 제지공장으로 옮겨지게 되고 제지공장에서는 이 종이를 여러가지 공정을 거쳐 재활용펄프로 만들게 되는데, 그 핵심은 종이에서 사용된 잉크를 제거해내는 탈묵과 그것을 다시 정선하고 표백하는 내용을 포함한다.

(5) 제지산업

제지산업은 물질문명의 발달과 비례하여 제지산업의 발달 정도를 측정한다고 한다. 즉, 물질문명의 발달은 개인의 소비형태의 다양화와 소비량의 증대를 가져오며, 이러한 소비형태의 다양화와 소비량의 증대는 필경 종이 소비의 증대를 가져오게 된다. 한편 국가의 선진 정도를 측정하는 수단으로 이 종이의 소비량으로 측정하는 경우도 있다. 즉 선진국가일수록 종이의 소비와 다양성이 증대되는 현실을 볼 수 있다. 예를 들어 지금부터 30여년 전의 우리나라의 종이의 종류와 소비를 간단히 오늘의 경우와 비교해보자. 30여년 전 우리나라의 종이의 종류는 우리 손가락으로 헤아릴 정도였다. 그리고 종이의 소비형태도 오늘날처럼 다양하지도 못했다. 예를 들어 30여년 전 화장실에서 쓰는 휴치 자체가 없었던 시대를 우리는 살아왔다. 그러나 오늘날 화장실이나 기타 문방구용등에서 사용하는 종이의 종류가 헤아릴 수 없을 정도로 많은 것은 즉 물질문명의 발달과 더불어 종이의 소비량과 소비형태가 그만큼 증가하고 다양해진다는 것을 보여준다고 본다. <표2-3>은 제지의 다양성과 소비의 용도를 보여주는 각종 종이의 종류와 용도및 등급을 나타내었다.

<표 2-3> 각종 종이의 종류와 용도 및 등급

인쇄용지류	· 신문용지 : 기계 펄프로 만들어진 기계 완성 처리지로 신문을 인쇄하는 데 널리 사용 · 카탈로그용지 : 근본적으로 경량 신문용지이며, 보통 충전제를 사용 · 로토그라비어용지 : 보통 미도공 신문 용지류의 종이로 완성 처리가 보다 많이 되었으며 충전제를 함유 · 서류용지 : 도공한 잡지용지, 원료는 보통 거의 쇄목 펄프나 고급지는 화학 펄프를 사용 · 은행권 및 문서용지 : 고급의 영구 보존용으로 보통 넝마를 원료로 사용 · 성경용지 : 넝마나 화학 펄프로 제조된 경량 고충전지 · 증권, 장부용지 : 편지지 및 기록지로 사용하기 위한 고급지, 원료는 넝마 및 화학펄프 · 필묵지류 : 외관이 좋고 비교적 유연하며, 밀도가 낮은 종이, 보통 화학펄프를 원료로 사용하나 고품질의 경우에는 넝마를 사용
산업용지류	· 지대용지 : 강도가 높은 종이로 보통 고해를 많이 한 미표백 크라프트펄프 제조 · 라이너판지 : 골판상자 원지의 표층으로 일반적으로 사용하는 경량판지. 포장용지로도 사용. 인쇄를 할 수 있는 품질이 양호한 표증 라이너로 사용할 경우 고수율 미표백 크랑프트 펄프로 제조 · 골심원지 : 골판상자 원지의 골을 만드는 내부층으로 사용, 보통 고수율 반화학 펄프를 사용하여 9포인트의 두께로 제조 · 공작용지 : 근본적으로 신문용지형 시트로 중량 및 부피가 큰 지류. · 내 지 지 : 고해를 많이 한 아황산 펄프로 제조한 밀도가 높은 무공성 종이 · 글라신지 : 내지지를 추긴 다음 초광택기에서 높은 압력을 가하여 제조. 광택이 있고 투명한 종이. 특별한 보호 목적으로 포장 할때 또는 밀랍지 제조용으로 사용.

박엽지류	· 위생용 박엽지 : 화장지, 욕실화장지, 위생용품 및 테이블 냅킨 등을 포함, 특성은 유연성과 흡수성이 있고 가볍게 고해한 화학 펄프의 구성 비율이 높다. · 콘덴서용 박엽지 : 고해를 많이 행한 크라프트 펄프로 만든 지합이 양호한 경량 박엽지로 콘덴서 절연체로 사용. 근본적으로 탄소지 및 습강 처리한 차 봉지와 같은 종이의 원료로 사용. · 타월 : 가볍게 고해한 크라프트 펄프에 기계펄프를 섞어서 만든 주름이 잡힌 흡습지, 빠른 흡수와 보수 능력이 특징. 가끔 습윤으로 풀어지는 것을 방지하기 위하여 습강용 수지로 처리. · 포장용 박엽지 : 상품을 싸거나 포장용으로 사용하는 각종 박엽지, 강도, 지합이 양호해야 하고, 결함이 없어야한다. 평량이 16~28g/m²범위
기타특수지류	· 잉크젯전용지 : 고도의 표면성에 고광택을 갖춘 사진 인화지 품질의 잉크젯 용지 · Non-Carbon지 : 카본지 없이도 적당한 압력에 여러 장이 복사되도록 고안한 용지(예:세금계산서용지, 각종전표용지) · 컴퓨터용지 : 표면 강도가 강하여 신축발생이 없는 용지(예:지하철Ticket, 고속도로 통행권 용지, 항공권 용지등) · 감열용지 : 열을 받으면 인지하여 각종 반응색을 나타내는 용지 (예 : FAX용지, 잉크젯용지등) · 각종 벽지원지 : 주택 사무실 등의 건축물 벽에 사용되는 벽지의 용도.

(6) 한지韓紙 생산 공정도

아래 <그림2-31>부터 <그림2-45>에 이르기까지는 우리나라 전통의 펄프 및 제지산업의 전형적인 모습이다. 이들 전통의 한지생산공정은 이미 400~500년 전부터 무선 통신시대에 접어든 오늘날까지 그대로 이어져 오는 산업형태이다. 이들 그림의 설명은 다음과 같다.

<그림2-31>
'풍산한지' 라는 전통의 한지韓紙를 생산하는 공장입구의 전경

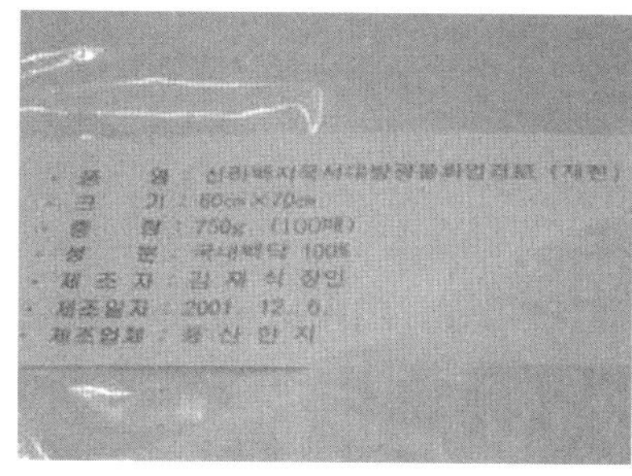

<그림2-32>
졸업장 또는 표창장으로 사용될 용지의 한 예를 나타낸 전경

<그림2-33>
전통한지를 생산할 수 있는 원료인 닥나무의 모습
(풍산韓紙 공장 경내 존재)

<그림2-34>
전통한지의 원료가 되는 닥나무의 껍질을 벗긴 모습

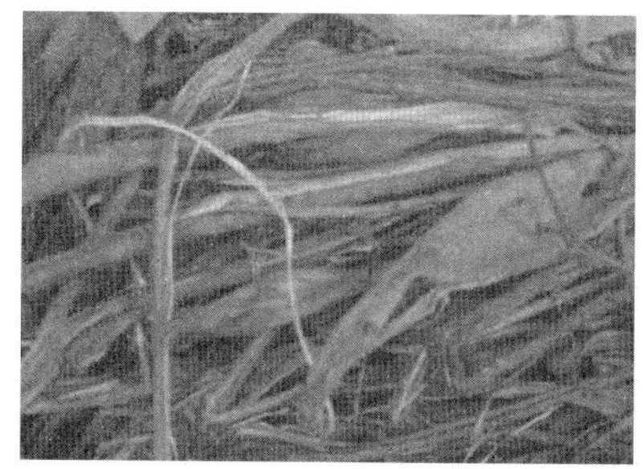

<그림2-35>
전통한지의 원료인 닥나무 섬유질

<그림2-36>
닥나무 섬유 저장소

<**그림**2-37>
닥나무 섬유의 증해공정蒸解工程 (pulping process)

<**그림**2-38>
증해蒸解를 마친 닥나무 섬유의 해섬공정

<**그림**2-39>
해섬공정을 마친 한지섬유

<**그림**2-40>
해섬공정을 마친 한지섬유

<**그림**2-41>
망상초조, 지필(sheet formation)을 인공적으로 조성하는 장면

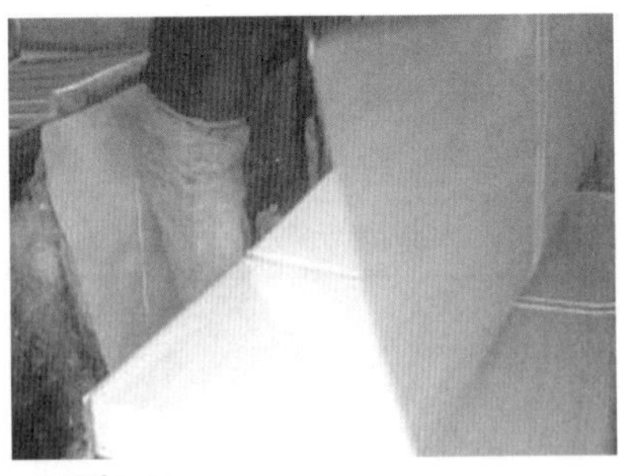

<**그림**2-42>
습한 상태의 한지

<**그림**2-43>
소형 가구제품, 한지섬유의 특성을 이용해 여러종류의 주거생활과 관계된 소품들

<**그림**2-44>
한지의복韓紙衣服, 한지섬유의 특성을 이용한 제품들

<**그림**2-45>
다양한 한지상품韓紙商品, 장식용포장지등

2.4 목재화학 공업

(1) 목재화학 공업의 분류

목재는 주성분과 부성분으로 구성되며, 주성분은 셀룰로오즈, 헤미셀룰로오즈 및 리그닌이 90%이상 존재하여 세포벽이 주성분을 이루고 있다. 그리고 이들 상호간에는 물리화학적으로 견고하게 결합되어 있기 때문에 먼저 이들의 분쇄나 분리가 목질계바이오매스 이용상의 중요한 문제점 중의 하나이다.

탄수화물인 셀룰로오즈와 헤미셀룰로오즈를 방향족 화합물인 리그닌이 견고하게 포위하고 있기 때문에 이를 파괴하기 위한 전처리가 필요하다. 전처리 법에는 물리적, 화학적 그리고 미생물적인 방법등이 있으며, 물리적인 방법에는 미분쇄, 선 조사, 증해, 폭쇄법 등이 있고, 화학적 처리는 각종의 시약을 사용한 탈리그닌법과 세포벽을 팽윤시키는 법등이 있으며, 미생물 처리로는 백색부후균에 의한 탈 리그닌법 등이 시도되고 있다.

목재 구성성분의 화학적인 처리에 의한 이용영역은 다음과 같다.

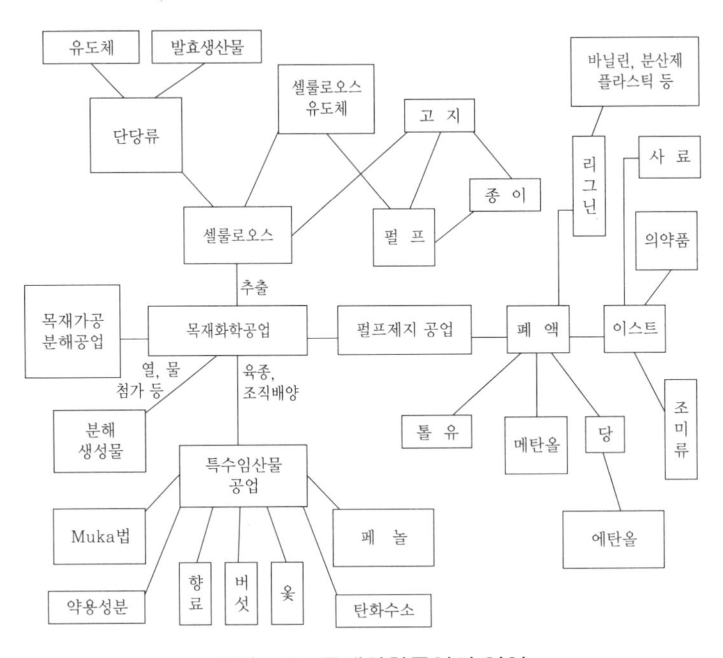

<그림 2-46> 목재화학공업의 영역

목재(목질) 셀룰로오즈는 목재의 화학적 4대성분 즉 셀룰로오즈, 헤미셀룰로오즈, 리그닌 그리고 추출성분의 화학적 증해공정(Chemical Pulping Process)을 통해 나머지 3대 성분을 액상 및 기상으로 분리하고 셀룰로오즈 성분만 고상으로 분리한다. 이 고상으로 분리된 셀룰로오즈의 화학적 구조 즉 C_2, C_3 그리고 C_6위치의 OH기를 화학반응에 의한 다른 유도체 작용기로 치환시켜 매우 다양한 목질자원의 2차산업을 발전시켜왔다.

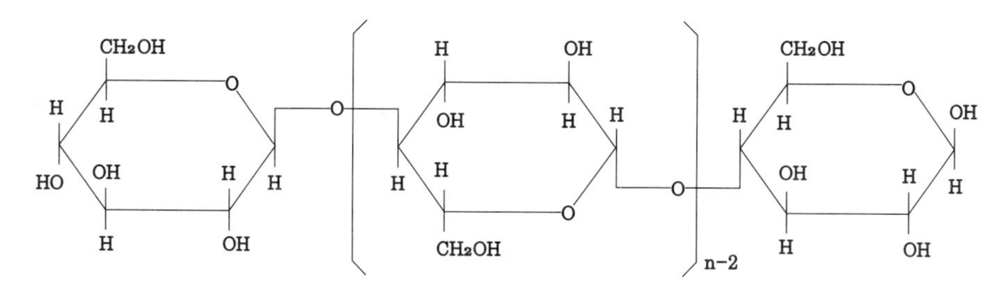

<그림 2-47> 셀룰로오즈의 결합구조

펄프, 종이로서의 이용은 주지의 사실이며 비스코스법에 의한 레이온이나 셀로판 제조, 나이트로셀룰로오즈에서 셀룰로이드 제조, 초산 처리에 의해 아세트인견이나 필름을 만드는 것 등이 이미 오래 전에 알려져 있으며, 그 외 많은 기능성을 부여한 셀룰로오즈 유도체가 만들어지고 있다.

셀룰로오즈는 친수성의 OH기로 인해 물에 친화력이 없는 일반 유기용제에는 용해되지 않고 화학처리를 할 경우 불균일계로 되어 반응에 한계가 있다. 그러나 셀룰로오즈 용제가 개발되면서 고기능성 유도체의 합성 등이 가능해졌으며, 셀룰로오즈의 용도가 비약적으로 확대되어 가고있으며 앞으로 더욱 확대될 것으로 기대된다.

셀룰로오즈용제로서 디메틸설폭사이드(dimethylsulfoxide ; DMSO)와 CO_2, 액체아황산과아민, 무수크로랄과 DMSO, 파라로름알데히드와 DMSO 등 60종 이상이 제안되고 있다.

셀룰로오즈에 산성기나 염기성기를 도입시켜 이온교환기능의 부여, 금속과 착염을 만들기 쉬운 기를 도입시켜 킬레이트기능 부여, 고정화효소막 제조, 투과막, 여과막 등에 관한 응용도 널리 개발되고 있다.

현재 실용화되고 있는 셀룰로오즈 유도체의 용도는<표2-4>에 보는 바와 같다.

<표 2-4> 셀룰로오즈 유도체와 그 용도

산업부분	용도	유도체
포장	포장용필름	acetylcellulose, 재생 cellulose
직물	섬유	acetylcellulose, 재생 cellulose
	사이즈제	carboxymethylcellulose(CMC)
	부직포의 바인다	hydroxyethylcellulose(HEC)
	도공제	nitrocellulose
플라스틱	성형	acetylcellulose, 초산cellulose, 초산-propionic acid cellulose
사진	필름	acetylcellulose
표면	라카	nitrocellulose,acetylcellulose,ethylcellulose
	도료	CMC, HEC, methylcellulose, ethylcellulose
군수	화학	nitrocellulose
비행기	로케트 추진제	nitrocellulose
기록	테이프	acetylcellulose
분산제	농약	CMC
화학약품	내수성 셀로판	nitrocellulose
	乳化 중합제	HEC
식품	유화 안정제	CMC,hydroxypropylcellulose(HPC)
의약	하제	CMC
	유화 안정제	CMC
	조립제	methylcellulose, HPC
	도공제	hydroxypropylmethylcellulose, HPC
	장용제의 도공	초산−phthalic acid cellulose, hydroxy−propylmethyle cellulose
의료	인공신장의 투석막	재생cellulose
	응급용품(가제, 붕대)	산화cellulose
화장품	유화 안정제	CMC, methylcellulose, HEC, HPC
담배	필터	acetylcellulose
제지	사이즈제	CMC, methylcellulose
	도공제	methylcellulose
석유	유전채굴용 이수제	CMC
전기	절연재료	benzylcellulose, cyanoethylcellulose
인쇄	잉크 안정제	ethylcellulose
토목	시멘트 첨가제	HEC
도기	바인다	methylcellulose
피혁	가공처리제	methylcellulose

(2) Glucose 화학공업

글루코오즈(glucose)는 장래 증가하는 인구를 지탱하기 위한 식량 및 사료원으로서의 위치도 있지만 유용한 화학제품으로 변환될 수 있는 자원이다. 목질계 바이오매스에서 경제적이고 고효율로 글루코오스를 생산하는 기술로서 산 및 효소가수분해 등 많은 연구가 널리 시도되어 왔지만 아직은 문제점을 내포하고 있으며, 머지않은 장래에 좋은 결과가 기대되고 있다.

셀룰로오즈에서 글루코오스를 거쳐 화학적 방법으로 생산할 수 있는 화학공업제품은 다음과 같다.

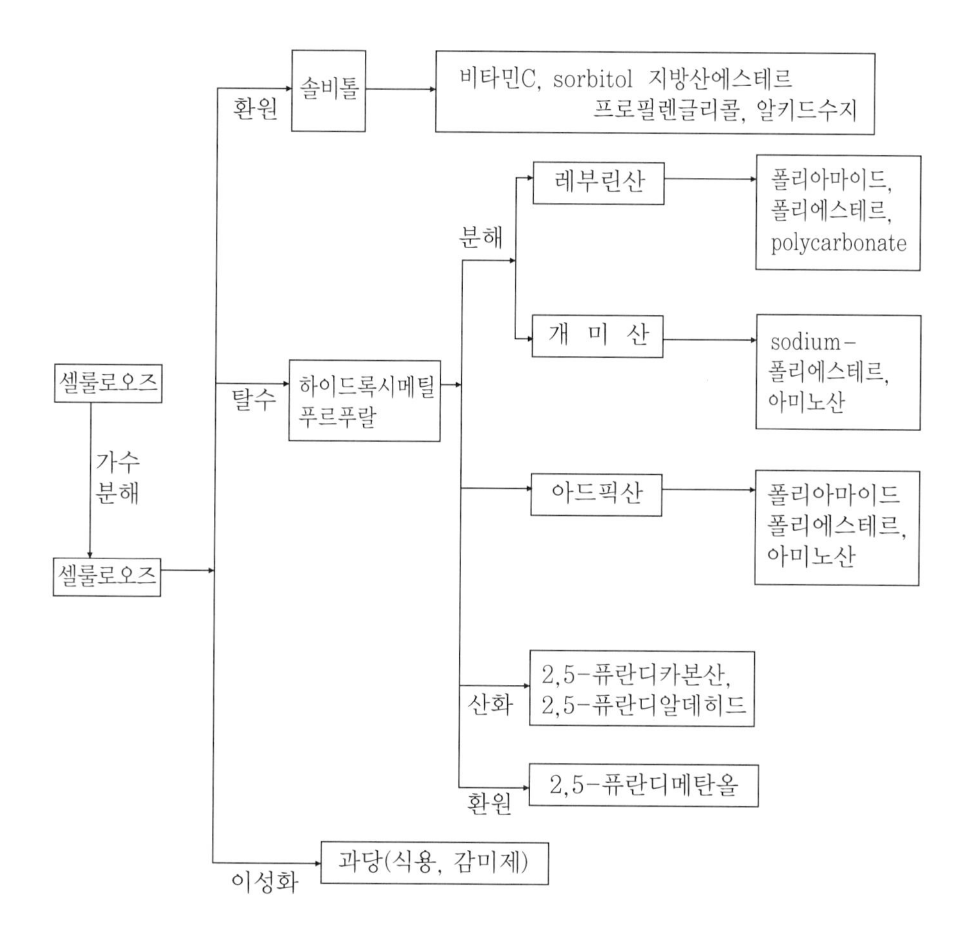

<그림 2-48> 셀룰로오즈에서 글루코오즈를 거쳐 제조되는 화학공업제품.

(3) 셀룰로오즈 유도체 화학공업

① 셀룰로오즈 유도체 섬유의 분류

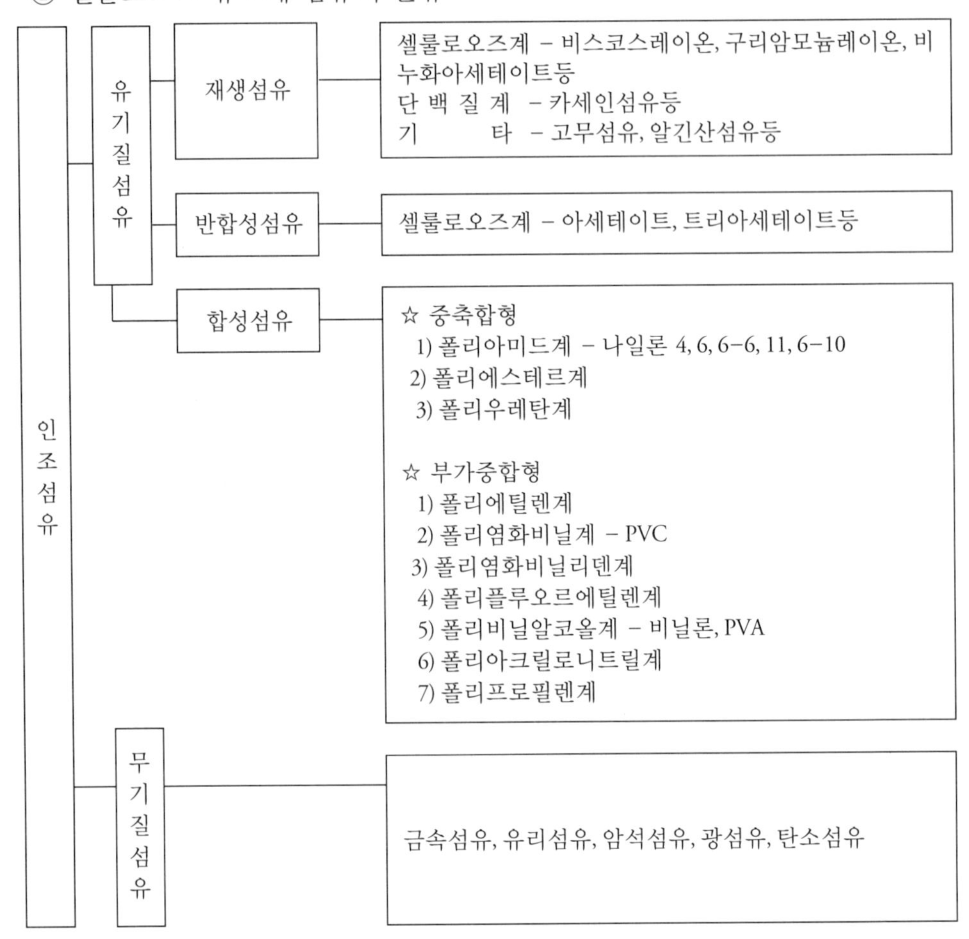

② Viscose Rayon (인견人絹)

목재펄프나 면 린터(cotton linter; 목화의 씨앗으로부터 목화솜을 거둬들인 다음에 남은 짧은 섬유) 등에 함유되어 있는 셀룰로오즈는 천연 그대로는 섬유형태를 갖추고 있지 않거나 너무 짧아서 사용할 수 없으므로, 이것을 적당한 용제에 녹인 다음 방사하여 섬유 모양으로 재생시킨 섬유가 레이온 섬유이다.

레이온은 제조방식에 따라 비스코스레이온, 폴리노직 레이온, 구리암모늄레이온 등이 있는데, 우리 나라에서는 비스코스레이온이 생산되고 있다. 비스코스레이온은 강도가 면섬유보다 훨씬 작고 (2g/d), 특히 젖은 상태에서의 강도는 건조상태의 절반 정도이다. 탄성회복율도 다른 합성섬유에 비해 낮은 편이고 속옷감, 양복의 안감 등의 원료로 쓰이고 있다.

비스코스레이온의 습식강도가 작은 것을 보완하기 위하여 제조방법을 약간 달리하여 제조한 것이 폴리노직 레이온으로 알칼리에 대한 저항성도 향상된다. 견섬유와 같은 태를 가지고 있어 고급 세번수 직물에 쓰이며 편성포, 고무 방수포나 가죽의 기포, 면 및 합성섬유와의 혼방직물에 쓰인다. 구리암모늄레이온은 연신방사라는 방사법에 의해 섬유화하는데, 비스코스레이온에 비해 강도가 클 뿐만 아니라 유연하고 광택이 특징이며 내마모성과 내굴곡성이 크다. 다만, 비스코스레이온보다 비싼 것이 결점이다. 양복 안감, 침구, 방석 등에 쓰이는 것은 물론 최근에는 섬유 중심 부근에 공동이 있는 중공섬유로도 만들어져 인공신장, 박테리아의 분리, 폐수처리 등에도 쓰이고 있다.

③ 중공섬유中空纖維

중공사中空絲라고도 한다. 겉보기 비중이 작고, 가벼우면서 보온력이 크며 탄성이 좋고 겉부피가 매우 크다. 제조방법으로는 비스코스레이온에서는 탄산나트륨을 첨가하여 방사하는 방법, 폴리에스테르나 나일론에서는 특수 단면(다중구조) 노즐을 사용하여 만드는 방법, 노즐구멍의 중앙부에서 질소가스 소팽嘯澎등을 분출하여 섬유 중앙에 주입하는 방법이 고안되어 있다. 이러한 방법으로 제조되고 있는 것은 원형 중공사 이외에 삼각형 중공사 등이 있다.

중공섬유는 섬유 내부에 기포氣泡를 가두어 놓은 것, 마카로니 모양이나 연근蓮根 모양으로 연속된 중공부를 가진 것, 그리고 긴 중공부가 간간이 끊어진 대나무 모양의 것 등이 있다.

중공섬유가 각광을 받는 분야는 인공신장기人工腎臟器에의 응용이다. 여과기능을 가지는 중공섬유, 즉 셀룰로오즈 아세테이트로 만든 인공신장기 투석용透析用 중공사가 만들어졌는데 섬유 중공부에는 혈액이, 바깥쪽에는 투석액透析液이 따로 흐르는 구조로 되어 있어 투석기透析器의 효율화와 소형화가 가능하게 되었다.

i) 물리적 특성

현미경에 의한 외관 : 비스코스레이온 및 고 강력 레이온에서는 섬유 방향에 많은 굴곡이 있다. 비스코스레이온의 경우는 소염용 안료 소립자가 분산하여 있는 것이 보이며 큐프라(동 암모니아레이온)의 외관은 매끄러움과 광택을 지닌다.

섬유장(staple length) : 소요의 섬유장이 얻어진다.

색 : 안료에 의하여 소염되지 않은 것은 투명하다.

광택 : 소염용 안료가 첨가되지 않은 경우는 광택이 강하다.

강력 : 중정도로부터 극히 고강력의 것까지 있다. 보통레이온의 강력은 중 정도이며 고 강력 레이온은 강한 것으로부터 대단히 강한 것까지 있다.

탄성 : 제조법에 따라서 다르다. 보통 레이온 사 에서는 낮지만 고 강력 레이온은 우수하다.

원상회복력 : 보통레이온에서는 낮으며 고 강력 레이온에서는 중정도이다.

흡습성 : 천연셀룰로오즈보다도 높으며 섬유는 물에 잠기면 팽윤하여 강력이 저하한다. 이점은 면이 습윤시의 강력이 향상하는 것과 대조적이다.

내열성 : 149℃이상되면 강력이 저하되고 177~204 ℃에서 분해한다.
가연성 : 미처리의 것은 급속히 연소한다.

도전성 : 상당히 높으며 정전기의 하전은 특수한 가공에 의해서 감소된다.

비중 : 1.52

ii)화학적 특성
산에 대한 작용 : 면과 똑같이 강산에 의한 손상을 받기 쉬우며 고온의 묽은 무기산 및 저온의 농산에 의해서 분해한다.

알칼리에 대한 작용 : 저항성을 지니나 강알칼리에 의해서 팽윤하고 강력이 저하한다.

유기용제에 대한 작용 : 드라이크리닝용 용제에 대하여 우수한 저항성을 나타낸다.

표백제에 대한 작용 : 온도는 49℃를 넘어서는 안되며 차아염소산나트륨과 같은 강력한 산화표백제에는 손상을 받는다.

곰팡이에 대한 작용 : 온도와 습도에 따라 곰팡이의 활동이 활발하지는 않다.

일광, 대기에 대한 작용 : 장시간 노출시키면 포가 약하게 된다.

염색 : 면보다도 염료와의 친화성이 크다. 직접 환원, 황화염료가 통상 이용됨. 산성염료는 개질레이온에 이용된다.

iii) 제조공정

cellulose : cellulose − OH + NaOH → cellulose − ONa + H_2O

$$\text{cellulose} - \text{ONa} + CS_2 \rightarrow \text{cellulose} - \text{O} - \underset{\underset{\text{S}}{\|}}{\text{C}} \equiv \text{SNa}$$

(cellulose xanthate)

cellulose 의 응고 또는 재생

$$\text{cellulose}-\text{O}-\text{C}\equiv\text{S}-\text{Na}+H_2SO_4 \rightarrow \text{cellulose}-\text{O}-\text{C}\equiv\text{SH}-\text{NaHSO}_4$$

$$\text{cellulose}-\text{O}-\text{C}\equiv\overset{\overset{\text{S}}{\|}}{\underset{\underset{\text{S}}{\|}}{\text{SH}}} \rightarrow \text{cellulose}-\text{OH}+CS_2$$

<그림2-49>과 <그림2-50>은 소위 Vicose rayon 법에 의해 여러 종류의 섬유제품을 제조하는 모습이다. 이 그림들은 현재 경상북도 영주시 풍기산업단지의 생산현장의 모습이다. 그런데 현재 이들 섬유제품의 원료인 Vicose rayon은 중국으로부터 수입하여 제품을 제조하고 있다.

<**그림**2-49>
중국산 Viscose rayon 원사原絲로 제직製織하는 모습

<**그림**2-50>
각종 Viscose rayon 섬유제품

④ Cellulose Acetate

아세테이트 섬유는 목재 펄프나 무명 린터에 아세트산(acetic acid), 무수 아세트산 및 황산을 작용시켜 만든 것으로 비중이 1.32로서 셀룰로오즈보다 가볍다. 면이나 비스코스레이온보다 흡습성이 떨어지고 강도가 비교적 약하나 신장이나 탄성도는 비스코스레이온보다 크다. 열을 가하면 연화되어 녹는 열가소성이나 130℃ 까지는 안전하다.

아세테이트 섬유는 비스코스레이온 섬유와는 다른 Cellulose ester섬유로 광택이 아름답고 촉감이 부드러워 여자용 옷감을 비롯하여 스카프, 넥타이, 양복안감 등에 쓰이며 담배용 필터로도 널리 쓰이고 있다.

ⅰ) 물리적 특성

섬유장 : 필라멘트 혹은 스테이플파이버형이다.

색 : 모두 투명하고 안료에 의해서 구별하기는 쉽지않다.

광택 : bright, semi-dull 및 dull로 구별된다.

강력 : 중정도의 강력을 가지며 습윤시에는 레이온 보다 강도가 떨어진다.

탄성 : 레이온에 거의 유사하거나 그다지 높지 않다.
트리아세테이트는 아세테이트보다 약간 높다.

원상회복력 : 아세테이트에서는 나쁘다. 트리아세테이트는 우수하다.

흡습성 : 아세테이트 : 6.0%, 트리아아세테이트 : 3.5% 정도를 나타낸다.

내열성 : 아세테이트섬유는 130° ~140℃에도 충분히 견디며 트리아세테이트는 아세테이트 보다 내열성이 우수하여 200° ~205℃에서도 충분히 견딘다.

가연성 : 아세테이트, 트리아세테이트 모두 서서히 연소하며 불똥은 용융물로 화상원인이 될 수 있다.

도전성 : 아세테이트섬유는 양호하며, 트리아세테이트섬유는 높다. 건조시에는 도전성이 나쁘게 되어 정전기를 발생시킨다.

비중 : 아세테이트, 트라아세테이트 모두 1.32이다.

ii) 화학적 특성

산에 대한 작용 : 얼룩제거용 산에는 침해되지 않으나 강산에 의해서 분해되며 농도33%이상의 초산에는 사용할 수 없다.

알칼리에 대한 작용 : 약알칼리 용액에는 거의 영향받지 않으나 강알칼리에는 손상을 받는다.

유기용제에 대한 작용 : 드라이크리닝용 용제는 아세테이트섬유를 손상하지 않으나 트리아세테이트섬유는 아세톤, 농도 80%의 개미산, 10%이상의 피리딘, 알코올/벤젠혼합액에 용해한다. 트리클로로에틸렌은 아세테이트섬유를 팽윤시키고 특히 가열된 경우에 아세테이트염료를 번지게하며 트리아세테이트도 상기의 화학약품에 의해 손상을 받는다.

표백제에 대한 작용 : 농도의 지시를 지키면 산화표백제, 환원표백제를 사용할 수 있으나 강한산화제는 아세테이트에 손상을 준다.

곰팡이에 대한 작용 : 저항성을 지니나 곰팡이에 의해서 변퇴색하는 경우가 있다.

일광, 대기에 대한 작용 : 아세테이트섬유는 장시간 일광에 노출시키면 강력히 저항하며 트리아세테이트의 경우는 저항성이 크다.

염색 : 아세테이트염료라 불리우는 특수한 염료가 이용되며 이러한 염료는 물로 느슨하게 된 가운데 드라이크리닝하면 알코올에 의하여 색 번짐이 생긴다. 아세테이트섬유는 원액착색이 가능하며 이 경우는 염색견뢰도가 우수하다.

용도 : Plastic, Cellulose lacquer, X-ray 필름, 자동차의 핸들, 공구류의 손잡이, 안경테, 사진필름, 완구, 선글라스 렌즈등 이다.

iii) 제조공정

$$Cellulose-OH + 3CH_3COOH ---> Cellulose-C(=O)-O-CH_3$$

Lyocell 섬유는 유기용매에 용해된 셀룰로오즈 용액을 섬유형태의 셀룰로오즈로 재생한 인조 셀룰로오즈 섬유이다. Lyocell은 BISFA (레이온과 합성섬유의 국제 표준국), Brussels(B) 및 연방무역위원회(USA)가 인정한 공식명칭이다. 섬유명칭 및 라벨과 관련된 EU 관리국은 유도체의 생성없이 용해공정과 유기용매 방사공정으로 제조된 재생 셀룰로오즈 섬유에 'Lyocell'이란 명칭을 부여하였다. 그 심블은 CLY 이다.

'21세기 꿈의 섬유' 'TENCEL'은 오랜 연구 개발을 통해 개발한 신소재 섬유로서, 천연섬유와 합성섬유의 장점을 고루 갖춘 무공해 환경친화 섬유이며 목재펄프에서 추출한 셀룰로오즈로 만든 리오셀 섬유 실크감촉, 면의흡습성, 폴리에스터의 내구성은 물론 물세탁이 가능한 섬유업계에서 주목받는 차세대 섬유이다.

특성

- 100% 목재펄프로 만들어진 차세대 혁신 천연섬유이다.
- 물리적 추출 방법만으로 만들어진 인체, 환경에 무해한 무공해 섬유이다.
- 부드러운 감촉과 반발탄성이 우수하다.
- 효소 감량 가공에 의한 FADE OUT효과가 있다.

용도

Slacks, Jacket, Blouse등 다양한 Out wear용으로 가능하다.

Y-Shirt 및 Under wear용으로 가능하다.

Tencel A-100 Melange의 다양한 칼라들을 우븐(woven)직물에 활용하였다. Chambray, Two-Tone, Check, Normal의 패턴에서 나타나듯 깨끗한 멜란지 칼라의 우수한 염색성이 "텐셀A-100"의 장점을 더욱 살려준다.

특히, 섬유자체에서 연출되는 자연스러운 실루엣과 신체곡선을 따라 아름답게 흐르는 텐셀의 우아한 드레이프성은 고귀함 그 자체이다.

"Tencel A-100"은 텐셀의 특징인 우아한 광택과 아름다운 드레이프성에 실용성을 더한 새로운 섬유이다. 우아한 표면광택과 부드럽고 따스한 감촉에 깊이 있고 선명한 색상 표현, 그리고 니트직물과 우븐직물에서 느껴지는 살아있는 조직감, 직물가공의 용이성과 경제성 등에서 다른 섬유와 비교할 수 없는 우수성을 가지고 있다.

또한 "텐셀A-100"은 우수한 염착력과 높은 견뢰도와 인열강도, 반복되는 세탁과 착용에도 우수한 형태안정성을 갖추고 있어 미래를 열어가는 한발 더 진보한 섬유이다.

⑤ 셀룰로오즈 유도체 도료

락카(lacquar)로서 폭 넓게 알려져 있고, 니트로셀룰로오즈, 아세틸셀룰로오즈, 아세틸부틸셀룰로오즈(이상 에스테르형), 에틸셀룰로오즈, 벤질셀룰로오즈(이상 에테르형)를 도막성분으로 하는 도료, 이중에서도 니트로셀룰로오즈에 의한 도료가 가장 잘 알려져 있고, 락카라고 하면 이것을 가리키는 경우가 많다.

락카의 도막형성은 용제의 증발에 의하기 때문에 건조는 빠르다. 니트로셀룰로오즈 단독으로는 견고성이 약하기 때문에, 수지나 가소제를 첨가하여 개질한다.

도료란 페인트나 에나멜과 같이 고체 물질의 표면에 칠하여 고체막을 만들어 물체의 표면을 보호하고 아름답게 하는 유동성 물질의 총칭이다.

칠할 때에는 일반적으로 겔(gel) 모양의 유동상태이고, 칠한 후에는 빨리 건조경화乾燥硬化하는 것이 좋다. 2500년 전前에 이집트에서는 건성유乾性油가 만드는 고체막을 전색제(展色劑:도막형성의 주요소)로 하는 도료를 사용하였다고 한다. 1760년경에는 미리 기름을 가열하면 점성도粘性度가 증가하여 빨리 고체막을 형성하는 현상을 이용하여 유성니스, 리놀륨 등이 유럽에서 가내공업적으로 생산되었다.

20세기에 이르러 근대공업의 급진적인 발달이 있었음에도 불구하고 도료공업은 경험에 의한 숙련기술에 의존하고 있었다. 그 후 도료의 수요증대에 대처하기 위한 대량생산기술의 발전과 합성건성유의 기술발전 및 알키드 수지도료와 같은 합성수지의 발전을 계기로 급격한 합성수지 화학공업이 계속 발달됨에 따라 새롭고 우수한 도료가 생산되고 있다. 도료는 일반적으로 여러 성분으로 구성되어 있다.

전색제는 도료의 최종 목적인 도막塗膜의 주성분이 되는 것으로서 아마인유, 콩기름, 동유桐油, 옻, 합성건성유 등의 액체나 셸락, 코펄 등의 천연수지, 석회로진 등의 가공수지, 페놀수지, 요소수지, 멜라민수지, 비닐수지 등의 합성수지, 니트로셀룰로오즈, 아세틸셀룰로오즈 등의 셀룰로스 유도체, 합성고무 등의 고무유도체 및 폴리비닐알코올, 카세인 등의 수용성화합물 등의 고체가 사용된다.

도막형성 부요소塗膜形成副要素는 도료의 분산, 건조, 경화 등의 여러 성질의 향상을 위해 주요소에 소량 첨가된다. 도막조요소塗膜助要素는 도료를 칠하기 쉽게 하기 위하여 사용하는 용제인데, 건조하는 동안에 증발하여 도막에는 남지 않는다. 에탄올, 부틸알코올 등의 알코올류, 나프타, 등유 등의 탄화수소류, 아세트산에틸, 아세트산부틸 등의 에스테르류, 아세톤, 메틸에틸케톤 등의 케톤류, 부틸세로솔브 등의 에테르류가 단독 또는 혼합하여 사용되고 있다.

이상의 3가지 구성 성분으로 이루어진 도료를 투명도료라고 하는데, 실제로는 이것에 착색안료着色顔料, 체질안료體質顔料, 방청안료防淸顔料, 발광안료發光顔料, 시온안료示溫顔料 등의 여러 가지 특수안료 등을 용도에 따라 첨가함으로써 착색도료가 된다.

도료를 물체에 칠하여 도막을 만드는 조작을 도장塗裝이라고 한다. 도장에서는 물체 표면을 먼저 처리하여 형성도막이 벗겨지거나 변질되는 것을 막을 필요가 있다. 표면을 깨끗하게 하고, 도면을 평활平滑하게 하기 위하여 용제, 계면활성제界面活性劑, 충전제 등을 사용한다. 도장할 때에는 평활, 균일, 고능률로 칠하기 위하여 주로 도막형성의 속도, 도료의 조도稠度, 건조방법 등을 선택하여야 한다. 도료는 다른 화학공업 분야와는 달리 전기, 기계 및 인간의 생활양식 등과 밀접한 관계를 가지고 있으며, 도료가 요구하는 성질은 다양하다.

도료는 앞에서 언급한 각 원료를 잘 혼합하여 만드는데, 제조의 열쇠는 바로 이 혼합기술에 있다. 제조공정은 균일하고 안정된 도료를 만들기 위하여 수지, 안료의 분쇄, 혼합에 에지 러너(edge runner)를 비롯하여 여러 종류의 기계가 사용되고 있다. 도료를 그 주성분에 따라 분류하고, 대표적인 것을 들면 다음과 같다.

ⅰ) 천연수지 도료

옻, 캐슈계 도료, 유성페인트, 유성에나멜, 주정도료 등이 대표적이다. 옻은 옻나무 껍질에 상처를 내고, 채취한 수액(생옻)에서 얻은 도료이며, 옻액에 건성유, 수지등을 배합한다. 주성분은 우루시올인데 산화효소 락카아제를 함유하고 있다. 락카아제가 촉매가 되어 우루시올을 산화 중합시켜서 도막을 만든다. 용제가 적게 들며, 우아하고 깊이 있는 광택성을 가지는 도막을 형성한다.

캐슈계 도료는 캐슈열매 껍질에서 추출한 액과 포르말린의 축합물縮合物을 주성분으로 하고, 여기에 각종 합성수지를 가한 것을 전색제로 한 도료인데 도막은 옻과 비슷하고 값이 싸다. 유성페인트는 보일유를 전색제로 하는 도료이며, 보일유의 원료인 건성유는 아마인유, 콩기름, 동유, 어유魚油 등이 사용된다. 안료와 보일유의 배합비에 따라 된 반죽페인트(堅練페인트)와 조합페인트로 나누어진다. 유성페인트는 건조가 약 20시간 정도 걸리고, 도막도 좋지 않지만, 내후성이 좋고 값이 싸 널리 사용되어 왔다. 그러나 근래에는 점차 합성수지페인트로 대체되어 가고 있다.

유성에나멜은 천연수지, 합성수지 또는 역청질과 건성유를 혼합하여, 나프타 등의 용제로 희석한 유성니스를 전색제로 하는 도료이며, 건조제로서 금속비누를 첨가한 것이다. 니스에 함유되는 기름의 양에 따라 장유성(스파니스), 중유성(코펄니스), 단유성(골드사이즈)으로 분류된다. 일반적으로 건조, 광택, 경도는 좋으나 내후성이 떨어진다.

합성수지를 원료로 한 것에는 페놀수지니스, 말레인산수지니스가 있으며, 아스팔트나 길소나이트 등의 역청질을 원료로 하는 니스는 값이 싸고 방청, 내약품성이 좋다. 주정도료를 대별하면 수지를 알코올에 용해한 니스와 여기에 안료를 가하여 착색한 주정에나멜이 있다. 많은 종류가 있으나 가장 널리 사용되고 있는 것은 셸락니스와 속건速乾니스이다. 휘발성 용제이므로 건조, 광택, 경도가 양호하지만 도막이 약하다.

ii) 합성수지 도료

도료 중에서 가장 종류가 많고, 합성수지 화학이 진보됨에 따라 새로운 도료가 계속 나오고 있다. 이 도료는 일반적으로 내알칼리성이기 때문에 콘크리트나 모르타르의 마무리 도료로 쓰인다. 래커는 본래 속건성 도료를 뜻하였으나, 현재는 도막형성 주요소로 셀룰로오즈 유도체를 사용한 도료의 총칭이다.

유도체 중에서 니트로셀룰로오즈가 널리 사용된다. 전색제는 니트로셀룰로오즈, 수지, 가소제可塑劑로 이루어져 있고, 용제로는 에스테르류, 케톤류, 에테르류 등이 사용되며, 조용제助溶劑로는 알코올, 희석제로는 탄화수소류를 사용한다. 수지의 사용은 광택, 부착성, 휨성, 내후성의 향상을 위하여 알키드수지등이 사용된다. 전색제의 배합 방법에 따라 여러가지 성상의 것을 얻기 쉽지만 화기火氣에 민감하고 광택을 얻기 힘든 결점이 있다.

비닐수지 도료는 아세트산비닐, 아세트산비닐-염화비닐계의 것등 많은 종류가 있다. 알키드수지 도료는 다가多價알코올과 프탈산등의 다염기산과의 축합물을 기름 또는 지방산으로 변성시켜서 가용성으로 한 축합형 수지를 전색제로 하는 자연건조 도료의 총칭이다. 건조는 유성도료와 같은 산화중합이다.

일반적으로는 도료의 적성을 개선하기 위하여 로진, 페놀, 스티렌 등을 첨가한 변성 알키드수지로 되어 있다. 아미노알키드수지 도료는 멜라민이나 요소수지와 알키드수지의 혼합물로 이루어진 우수한 베이킹(구워붙임) 도료이다. 제2차 세계대전 후 사용량이 증대하여 알키드수지 도료와 함께 합성수지 도료의 대명사가 되었다. 에폭시수지 도료는 에폭시수지 분자 내에서 여러가지 다리결합반응이 일어날 수 있기 때문에 각종 도료를 만들 수 있다. 주된 것에 고온베이킹 에폭시수지 도료, 이액형 에폭시수지 도료, 에폭시에스테르 도료 등이 있다.

폴리에스테르수지 도료는 불포화 폴리에스테르수지와 스티렌 단위체를 혼합한 것인데, 후자는 도액의 상태에서는 용제 역할을 하고, 경화할 때는 다리결합반응에 참가하여 전색제의 역할을 하므로, 즉 용제를 사용하지 않는 도료로서 특수한 용도를 가진다. 폴리우레탄수지 도료는 우레탄결합을 가지는 고분자 도막을 형성하는 도료를 말하며, 이액형, 베이킹, 유변성油變性 폴리우레탄 도료등의 종류가 있다.

iii) 수성도료

아교, 카세인류를 전색제로 한 수성도료는 예로부터 사용되었는데, 유기계 용제 대신 물을 사용하여 경제적이며, 발화성이 낮아서 안전하고 취급이 간편하다. 최근 수성도료에 대한 관심이 높아져서 여러 종류의 수성도료가 개발되어 널리 이용되고 있다.

이들 중 에멀션도료와 수용성 베이킹 수지도료가 대표적이다. 전자는 비닐, 아크릴, 스티렌 부타디엔계로서 단위체를 에멀션화중합[乳化重合]하고, 지름이 마이크로미터 이하의 입자로 이루어진 라텍스를 전색제로 한다. 도료적성 향상을 위해서는 도막형성 조제助劑의 선택, 안료의 분산향상 등이 필요한 기술이다. 에멀션도료의 종류는 한국에서는 아세트산비닐계가 주이며, 고급품은 아크릴계가 많다.

수용성 베이킹 수지도료는 변성알키드수지, 페놀수지, 멜라민변성아크릴수지, 아미노수지등의 수용성 수지를 원료로 하고, 용제로 물을 사용한 도료이다. 또한 실용화된 전착도장법電着塗裝法은 대규모의 도장 생산성을 향상시키고 수용성도료의 이용분야를 확장시켰다.

iv) 기타 도료

플라스티졸 도료와 분말도료는 용제를 사용하지 않고, 도막형성 요소만으로 물체를 도장한다. 플라스티졸 도료는 미립자의 염화비닐수지에 가소제를 혼합해서 만든 페이스트를 도포한 후, 가열 용융하여 도막을 만드는 도료이다. 가소제만으로는 유동성이 충분하지 못할 경우에 희석제를 혼합한 것을 오르가노졸 도료라고 한다.

분말도료는 플라스틱분말로 도막을 만드는 도료로서 용제가 필요없으며, 두꺼운 도막의 형성이 쉽고, 내약품성이 양호하다는 장점이 있다. 도장법으로는 유동침지법流動浸漬法과 정전법靜電法 등이 있다.

⑥ nitro cellulose

셀룰로오즈의 히드록시기를 질산에스테르로 변화시킨 화합물로 질산섬유소라고도 하며, 화약에 쓰이는 경우에는 면약綿藥 또는 면화약이라 하고, 도료, 셀룰로이드, 콜로디온등에 쓰이는 경우에는 질화면窒化綿이라고도 한다. 한편 질소 함유율이 12.5~13.5%인 것을 강면强綿, 11.2~12.3%인 것을 약면弱綿, 10.7~11.2%인 것을 취면脆綿이라 하는 경우도 있다.

셀룰로오즈는 구조식에서 알 수 있듯이 글루코오즈 잔기殘基가 대부분 사슬 모양으로 결합해 있고, 질산에스테르화되는 히드록시기는 1개의 글루코오즈 잔기마다 3개로 되어 있다. 셀룰로오즈를 혼산(진한 황산과 진한 질산과의 혼합물)에 담궈 에스테르화시키면, 셀룰로오즈 분자 속의 히드록시기는 차례로 에스테르화한다. 이 때의 질산에스테르화하는 반응을 질화窒化라고 하며, 질화의 정도는 생성된 니트로셀룰로오즈의 질소함유율로서 나타낸다. 셀룰로오즈삼질산에스테르(삼니트로셀룰로오즈)의 질소함유율은 이론상으로는 14.14%이지만, 실제로 14% 이상의 제품을 얻기는 힘들다. 질화의 정도와 제품의 성질 사이에는 밀접한 관계가 있어, 제품의 질소함유율에 따라 용도가 달라진다. 질소함유율이 큰 것은 폭발성이 크고, 또 질소함유율이 비교적 적은 것은 셀룰로이드, 래커 등에 쓰이고 그 밖에 콜로디온으로서 의료용에도 사용된다. 건조한 상태에서는 폭발하기 쉬우나, 수분을 함유하면 폭발성이 없어져 저장이나 운반이 용이하므로, 보통의 경우 20% 이상의 수분을 첨가하여 보존한다.

니트로셀룰로오즈 화약은 니트로셀룰로오즈만을 기제基劑로 하는 무연화약이다. 니트로글리세린과 니트로셀룰로오즈를 기제로 하는 니트로글리세린 화약을 더블베이스 화약이라 하는 데 대해서 싱글베이스 화약이라고 한다. 프랑스의 화학자 비에이유가 발명한 B화약이 대표적인 것인데, 질소량 12%의 니트로셀룰로오즈에 13.2%의 것을 섞어 평균질소량 12.6~12.8%로 하고 안정제(디페닐아민), 혼합용제(에테르와 에탄올)와 함께 혼합하여 밀도를 높인 다음에 성형한다.

• 제조공정 : cellulose + HNO_3 + H_2SO_4 + H_2O → Cellulose−O−NO_2

• 용 도 : 도공제(직물), 락카(표면), 화약(군수), 로케트 추진체(비행기), 탁구공, 피아노건반, 내수성 셀로판(내화학약품), 매니큐어(화장품), 용기류 등

⑦ ethyl cellulose

셀룰로오즈의 에틸 유도체로서 백색의 냄새없는 고체이며, 셀룰로오즈의 수산기에서 수소가 부분적으로 에틸기에 의하여 치환된 것이다. 알칼리셀룰로오즈와 황산디에틸 또는 염화에틸과의 반응으로 얻는다. 에틸화 정도에 따라서 용해성등의 성질이 달라진다. 일명 도프(Dope : 항공기용)라고도 한다.

1968년 Schusenberger가 발견한 것으로서 섬유소분자내 수산기를 초산기로서 에스텔화한 것이다. 불연성, 내수성, 내구력이 특히 강하고 도막의 균열이 없다.

아세톤, 작산메틸, 작산에틸, 사염화에탄 등에 녹는다. 위의 용제외에는 잘 녹지 않는 특징이 있고 목재, 금속외에는 거의 부착이 되지 않는다.

- 제조공정 : cellulose + C_2H_5Cl + H_2SO_4 + H_2O → Cellulose−OC_2H_5 + HCl
- 용　　도 : 주로 항공기용 도료, 종이 방수제, 섬유방수제, 공구류의 손잡이, 헬멧 등

⑧ carboxymethyl cellulose

carboxymethyl cellulose(CMC)는 NaOH 수용액에 의한 알칼리 셀룰로오즈의 전환 그리고 에테르화 작용물에 의한 슬러리 과정에서 상업적으로 합성된 것으로 셀룰로오즈의 가장 잘 알려진 수용성 유도체이다.

CMC 는 셀룰로오즈글리콜산에테르(cellulose glycolate)라고도 불리고 그 나트륨염 $C_6H_7O_2(OH)OCH_2COONa$(에테르화도 = 0.3~0.8몰)은 수용성으로 pH에 의하여 그 수용액의 점도가 달라지게 된다. CMC는 DS(Degree of Substitution)가 0.4부터 1.4에 이르는 범위 내에서 합성된다. CMC의 물에 대한 용해도는 DS가 증가할 때 따라서 증가한다. DS의 값이 0.6~0.8 범위에서 물에 대한 용해성은 우수하지만 DS가 0.05~0.25 의 범위에서는 단지 알칼리성 내에서만이 용해한다. CMC의 카르복시기 때문에 CMC는 복전해질이다. 그것의 pKα값은 DS에 따라서 4에서 5까지 변화한다.

- 제조공정 : cellulose−ONa + CH_3COOCl → cellulose−$OOCH_3$

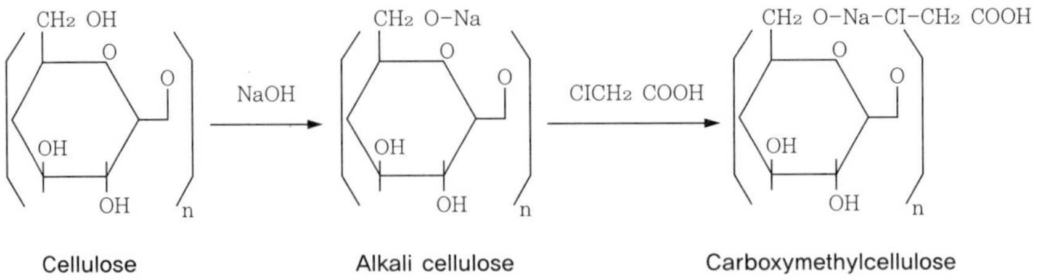

CH_2OH → NaOH → CH_2O-Na → $ClCH_2COOH$ → $CH_2O-Na-Cl-CH_2COOH$

Cellulose　　Alkali cellulose　　Carboxymethylcellulose

<그림 2-51> CMC(Carboxymethylcellulose)의 화학적 반응 메카니즘

CMC의 산업적용도와 상품화 특성을 <표2-5>와 <표2-6>에서 나타내었다.

<표 2-5> CMC(Carboxymethylcellulose)의 치환도에 따른 산업적 용도

Grade	Purity	DS	Viscosity mPa−s 2% soln	Applications
Crude	60−80%	0.4−0.9	10−250	Detergents Oil field chemicals Paper
Refined	97.0%	0.6−0.8	10−10,000	Paint Adhesives Ceramics Textiles Welding rods
Pure	99.5%	0.6−1.2	90−10,000	Foods Soft drink Ice cream Phamaceuticals Cosmetics

<표 2-6> CMC(Carboxymethylcellulose)의 상품화 특성

Applications	Dispersant	Protective colloid	Water retainer	Thickener	Film former
Water-based paints	+	+	+	+	+
Building products	+		+	+	
Wallpaper adhesives				+	+
Paper coatings	+	+		+	+
Detergents		+		+	
Emulsion polymerization		+		+	
Ceramics	+	+	+	+	+
Tobacco					+
Cosmetics and pharmaceuticals	+	+	+	+	
Food products		+	+	+	+
Oil field chemicals		+	+	+	

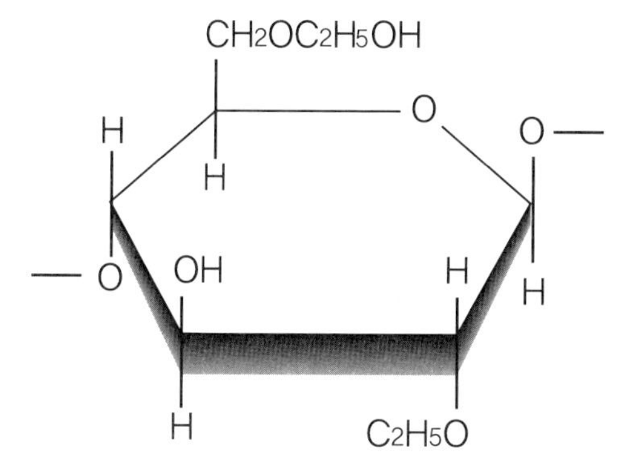

<그림 2-52> 셀룰로오즈 유도체의 치환된 구조

CMC와 같은 셀룰로오즈 유도체(eg.EHEO)의 수용성 폴리 사카라이드계가 보통 증점제 또는 보수제로 사용되고있다.

셀룰로오즈 분자는 무수 클루코오즈 단량체의 사슬로서 이루어져 있으며, 이러한 단량체의 숫자는 점동에 매우 중요한 역할을 한다.

무수 글로코오즈 내에 있는 세 개의 수산기는 알킬 또는 수산 화알킬의 유도체로 변형될 수 있으며, 이것은 용해성, 표면활성, 화학 반응성, 화학 저항성, 효소저항성 등과 같은 화학적 특성을 셀룰로오즈 에테르에 부여한다.

폴리사카라이드계 증점제는 페인트나 건축/토목 분야에서 중요한 첨가제로 쓰이고 있으며, 이러한 분야에서 다음과 같은 특성들을 활용하고 있다.

■ 특징

▶ 제품의 증점효과 및 재료분리 방지성

▶ 보수성 부여 및 작업시간 확보

▶ 윤활성, 미장성, 응집성 부여에 의한 작업성 개선

■ 용도

▶ 페인트 분야

분말 페인트, 라텍스 페인트, 수성도료

▶ 건축/토목 분야

타일접착제, 뿜칠 및 핸드 플라스터, 마감 도포재, 조인트 및 균열 충전재, SL재/단열재/보수재 등의 모르타르, 숏크리트재, 고유동 콘크리트제

⑨ Cellulose 플라스틱 공업

i) 석유나 석탄을 원료로 하는 플라스틱과는 달리 자연상태에서 비교적 분해가 빠르거나 썩어, 자연으로 돌아갈 수 있는 합성수지의 생산이 가능하다.

ii) 적당한 가소재(plasticizer)를 가해 연화점을 조절하여 적당한 온도 및 압력 하下에서 성형 가공하여 플라스틱을 제조한다.

iii) 여러 첨가제를 첨가하여 여러 종류의 합성수지를 만들 수 있다.

2.5 헤미셀룰로오즈(Hemicellulose) 화학공업

(1) 헤미셀룰로오즈 단당류單糖類

헤미셀룰로오즈의 가수분해에 의해 얻어지는 오탄당(pentose)들은 자일로즈(xylose), 만노즈(mannose), 갈락토즈(galactose), 아라비노즈(arabinose), 및 우론산(uronic acid)등이다.

이 헤미셀룰로오즈의 가수분해에 의해 얻어지는 단순한 오탄당은 거의 없고 대다수 이들 기본적 오탄당들의 고분자적 복합 다당류의 형태가 대부분이다.

헤미셀룰로오즈의 이용 대상은 침엽수보다 5탄당이 많은 활엽수 헤미셀룰로오즈가 유리하며, <표 2-7>과 <그림 2-52>에 헤미셀룰로오즈에서 유도되는 화학제품의 개요와 용도를 표시하였다.

<표 2-7> **헤미셀룰로오즈로부터의 제품**

원료단당	반응	생성물	고차의 반응생성물	
자일로즈	산처리	푸르푸랄	테트라하이드로퓨란	플라스틱
	수소화	자일리톨		감미료, 혈액연식재, 계면활성재, 삼부이뇨재, 수액, 당대사 이상 개선
	"	"	xybuaol수지	플라스틱
글루코오즈	"	솔비톨	–	감미료, 연석재, 계면활성재, 습윤조정재, 식품첨가물
	"	"	아스톱번산	비타민 C
만노즈	"	만니톨	"	감미료, 뇌압강하, 삼투압이뇨재, 염화비닐안정재
갈락토즈	"	칼락타톨	메타아크릴산에스테르	플라스틱
자일로즈	에스테르화	유화재	"	식품첨가물
	산화	xylonic acid	트라옥시글루탈산	접착재, 계면활성재, 필터
	메틸화	메틸자일로시이드	이소시아네이트화 반응	폴리우레탄

자일로즈는 활엽수재의 전가수분해액의 당조성분 중 70% 가깝게 차지하며, 농축만으로도 결정을 형성하여 분리하기 쉽다. 핀란드에서는 자작나무칩에서 자일로즈를 추출抽出하고 잔사는 연료로 사용하는 방법으로 연간 3,000톤을 생산하고 있으며, 일본에서도 약 600톤정도가 생산되고 있지만 원료가 농산물이다.

자일로즈는 금속촉매나 환원제에 의하여 간단히 환원되어 자일리톨(xylitol)이 되며, 이것은 낮은 칼로리의 감미제, 의약품, 특히 당뇨병환자 등에 많이 사용되고 있으며, 그외 화학공업 원료로서 중요한 푸르푸랄로의 이용도 용이하다. 자일로즈와 자일리톨은 인공감미료로서 수요는 기대되고 있지만 생산가격이 비싼 편이며, 새로운 대량생산 프로세스의 개발이 기대되고 있다.

자일로즈를 페닐하이드라진(phenylhydrazine)에 작용시켜 페닐옥사존(phenyloxazone)을 거쳐 청산(HCN)과 반응시키면 비타민 C가 합성된다. 그러나 자일로즈가 고가이고 수율도 낮아 실제 산업적 생산은 매우 제한적이므로 값싼 자일로즈가 다량 공급되면 재검토의 여지가 남아있다.

(2) 헤미셀룰로오즈로부터 생산되는 화학제품

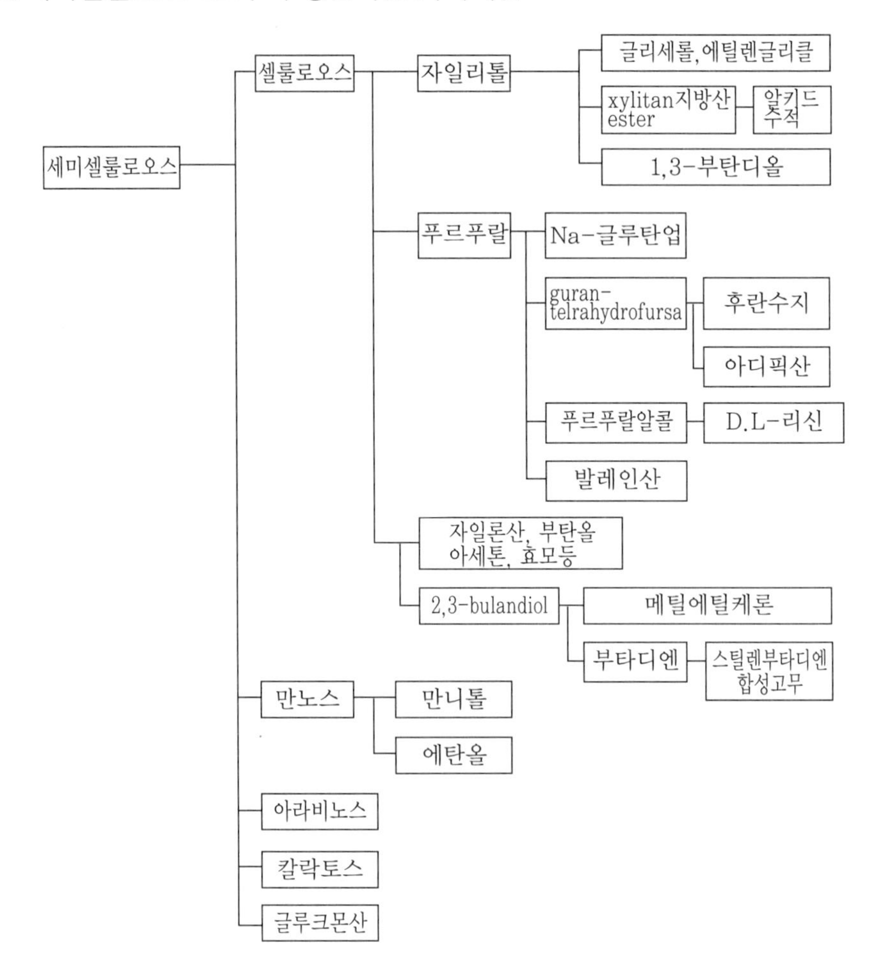

<그림 2-53> **헤미셀룰로오즈로부터 제조되는 화학제품**

그 외에도 1,3-부타디올(butadiol), 글리세롤(glycerol), 에틸렌글리콜(ethyleneglycol) 등의 출발물질이며, 지방산과 에스테롤을 만드는 성질을 이용하여 알키드(alkyd)수지, 비이온활성제 등이 제조되고 있다.

자일로즈를 수증기 증류 또는 산처리하여 탈수시키면 푸르푸랄이 생성되며, 이것은 선택적 추출용제로 널리 이용되고 있고, 윤활유, 부타디엔의 정제, 후란(furan) 합성수지의 원료로 사용되고 있다. 후란합성수지는 내수성, 내용제성, 내열성, 전기저항성 등 물리적 저항성이 크고 내약품성 중 특히 내 알칼리성이 우수하다.

푸르푸릴 알콜(furfuryl alcohol)은 용제 및 수지로서 널리 사용되며, 테트라하이드로푸르푸릴알콜(tetrahydrofurfuryl alcohol), 푸르푸릴알콜아세테이트(furfuryl alcohol acetate)등의 유도체는 향료, 식물생장호르몬, 고무수지 등에 이용되고 있다.

나이론 중 caprolanctam을 원료로 하는 나이론, 아디픽산, 헥사메틸렌디아민에 의한 나이론 6,6(polyhexamethylenediamide)이 가장 중요하다. Caprolactam은 푸르푸랄로부터 테트라하이드로푸르푸릴 알콜, 테트라하이드로 피란을 거쳐 합성되며, 아디픽산도 푸르푸랄로부터 furan, tetrahydrofuran, adiponitryl을 거쳐 합성된다.

조미료로서의 sodium glutamate, α-ketoglytaric acid도 푸르푸랄로부터 용이하게 합성되며, glutamate ester에 수소와 암모니아를 접촉 반응시키면 D,L-glutamate가 생성되고, 이외에도 필수아미노산 중의 하나인 리신도 합성 가능하므로 푸르푸랄이 공업적으로 값싸게 제조된다면 중요한 원료가 될 것이다.

활엽수재를 원료로 하는 산성아황산법(SP법)이나 황산염법(KP법)의 펄프폐액, 2단식 산당화의 전처리액에는 헤미셀룰로오즈 분해당류가 함유되어 있다.

SP폐액에서 리그노설폰산(lignosulfonic acid)을 제거하는 것은 공업적으로 매우 까다로운 작업이며, 이온교환수지, 고분자침강제, 설폰산아민염을 추출하는 방법 등이 검토되어졌지만 실용화까지는 가지 못하였다. 그러나 최근 한외여과막이나 역침투막에 의한 분리및 당액의 농축이 가능한 방법으로 주목받아 미국, 캐나다, 북유럽에서 SP폐액으로 부터 당을 분리하는 공업이 꽤 큰 규모로 행해지고 있다.

펄프폐액 속에 존재하는 당을 에탄올 생산, 효모를 만들어 가축사로, 인공단백질 및 약품제조에 이용하고 있으며, 일본의 경우 연간 25,000톤이 생산되며, 효모균은 Candidautilis가 사용한다.

이 효모는 그대로 사료 및 식용으로 이용되며, 핵산이나 이노시맥스 또는 그의 관련물질(adenosine, CDP choline, arabinocytosine, cyclocyticine)의 원료로 활용되고 있다. 핀란드에서는 SP폐액을 이용하여 단백질이 풍부한 미생물을 제조하는 pekilo프로세서가 개발되어 이 미생물은 paceilomyces variou로서 단세포 단백질이 아닌 다세포균사체이며, 균사체가 대형이라 여과하기 쉬운 것이 특징이고, 폐액 중 탄수화물 이외의 지방족화합물(예:acetic acid)을 이용하는 장점도 가지고 있다. 이 단백질은 고기제품처럼 lysine을 풍부하게 함유하여 가축사료로서 이용되기도 한다.

2.6 리그닌(Lignin) 화학공업

(1) 리그닌(Lignin) 화학공업의 분류

목질木質이란 어원을 찾아보면 셀룰로오즈와 셀룰로오즈 또는 셀룰로오즈와 헤미셀룰로오즈 또는 헤미셀룰로오즈와 헤미셀룰로오즈의 접착제 역할을 한다라는 뜻으로 lignify란 용어에서 유래되었으며, 이 목질木質은 결국 리그닌(lignin)이란 단어로 사용되고 있다.

이 리그닌(lignin)만 따로 분리하여 화학공업의 원료로 사용하는 경우는 분리자체도 어려울 뿐 아니라 경제적인 산업이 될 수 없기 때문에 리그닌 화학공업은 펄프공업과 연관지어 취급하지 않을 수 없다. 즉, 증해 공정(pulping process)이란 목재로부터 리그닌을 제거하는 공정으로 셀룰로오즈를 분리하여 셀룰로오즈는 종이의 원료인 펄프로 사용하고, 분리된 리그닌은 여러 종류의 화학공업의 원료로 사용한다. 전 세계에서 배출되는 폐액리그닌의 양은 연간 약 6,000만 톤으로 추정되지만 리그닌 제품생산은 약 130만 톤으로 미국 55만톤, 북유럽 3국에서 37만톤, 일본 11.6만 톤 정도로, 전 리그닌 양에 비하면 극소량만이 이용되고 있다. KP폐액의 경우 약품회수 및 열회수보다 높은 이용도가 없어 대부분 펄프화 공정에 포함시켜 분리이용은 극히 드물다. 그러나 SP폐액의 이용에 많은 노력을 경주하고 있지만 대량소비에 관련된 제품이 없고 일부의 이용에 그치고 있어 환경대책 상 농축하여 소각하고 있는 실정이다.

리그닌 또는 리그닌화합물의 분해를 통해 여러종류의 화학공업제품을 생산할 수 있는 기초적 단위조작은 다음과 같다.

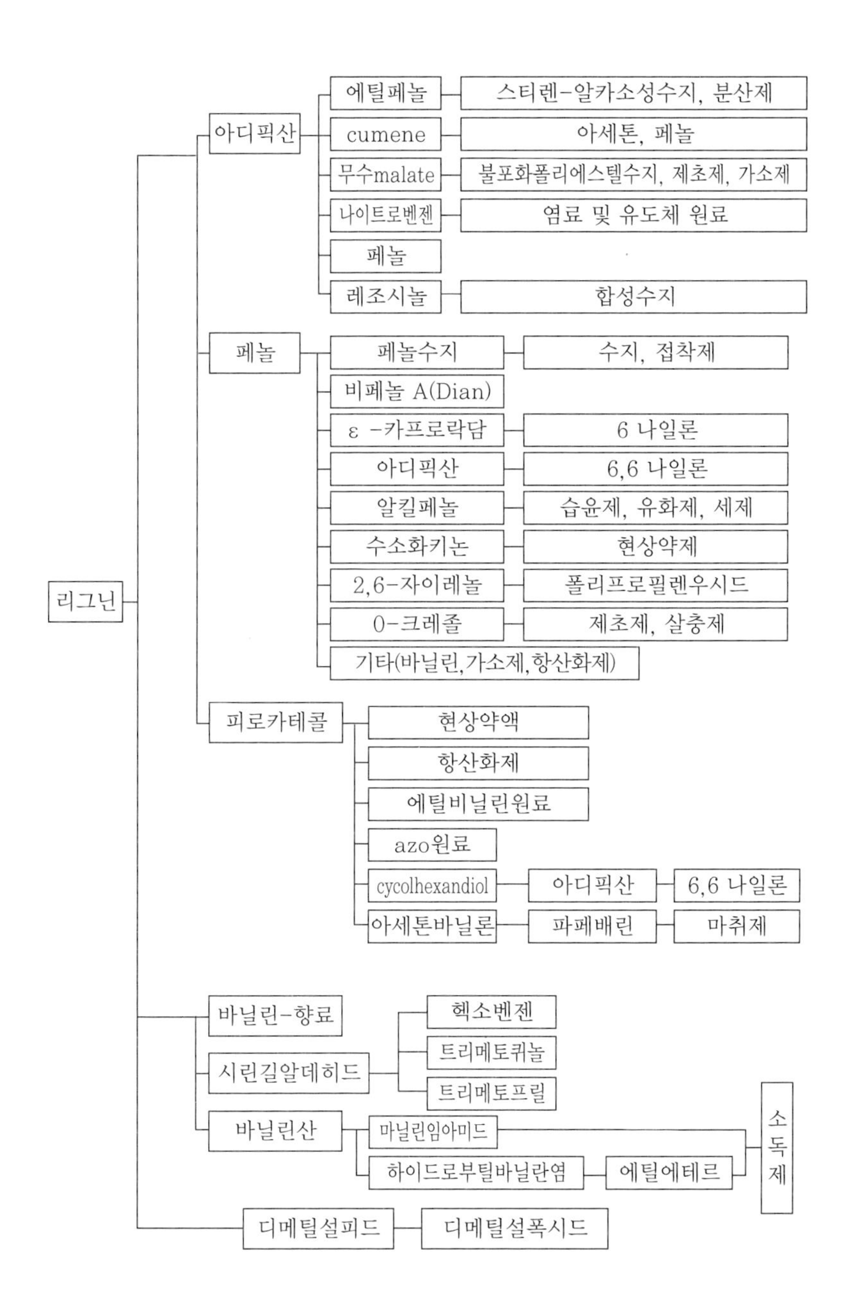

<그림 2-54> 리그닌으로 부터 제조되는 화학제품

<그림 2−54>에 리그닌을 원료로 하여 제조할 수 있는 화학제품들을 정리하였다. 리그닌 화학공업의 중요한 제품들을 소개하면 다음과 같다.

증　　류 – 공기 또는 환원분위기의 상압 또는 감압 하에서 가스 및 액체생성물로 분해
열 분 해 – 다양한 조건하에서 가스 및 액체생성물로 분해
용　　융 – 염이나 알칼리를 이용하여 페놀산이나 카테콜을 얻어냄
수첨액화 – 고압수소분위기 하에서 고온촉매반응에 의한 페놀, 크레졸류 및 단핵페놀류 생성
가수분해 – 산, 알칼리 또는 중성 분위기 하에서 페놀류 화합물을 얻어냄
산　　화 – 산화분위기하에서 vanillin등 생성
환　　원 – 환원분위기하에서 저분자량의 페놀류 생성
효소반응 – 효소반응에 의해 페놀류 생성

(2) 바닐린(Vanillin) 과 관련제품

<그림2−55>은 바닐린(vanillin)과 관련된 제품들을 표시한 그림이다.

Vanitin 4-Hydroxy-3-methoxybenzaldehyde	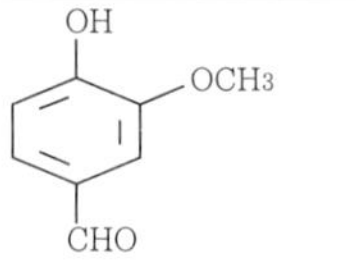 OH, OCH3, CHO	
Ethyt vanitin 4-Hydroxy-3-ethoxybenzaldehyde	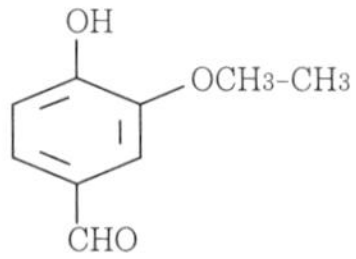 OH, OCH3-CH3, CHO	
Acetovanillone 4-Hydroxy-3-methoxyacetophehone [498-02-2]	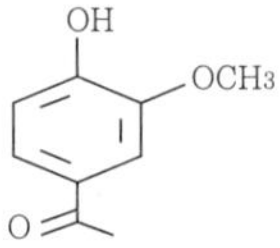 OH, OCH3, O	
Veratric acid 3,4-Dimethoxybenzoic acid	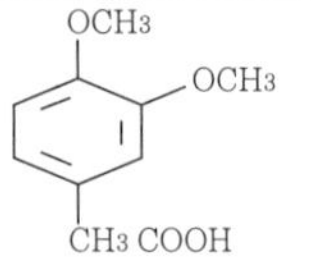 OCH3, OCH3, CH3 COOH	

<그림 2-55>바닐린과 유도체

Fine chemical로서의 리그닌 이용의 중심은 바닐린 제조이다. 시판 바닐린의 일부를 제외하고는 리그노설폰산에서 제조된다. 리그닌은 구아야실형, 시린길형 및 P-하이드록시페닐형의 3종류의 페놀류가 중축합重縮合된 고분자 페놀성 물질이므로 적절한 조건으로 분해하면 구성단위에 기인하는 각종의 페놀류를 생산할 수 있다.

바닐린은 향료 이외에 의약품으로서 메틸 DOPA(혈액확장제), DOPA(perkinson씨 병의 특효약)의 원료로 사용되고 있지만 그 양은 적다.

미국의 Leionia사에서는 리그닌의 대량 이용을 목적으로 바닐린산(vanillic acid)으로 산화시킨 후 폴리에스텔의 원료로 사용하는 제안을 하였으나 염료에 대한 친화성은 좋지만, 메톡실기의 입체적 장애로 결정성이 나빠져 연화점軟化點이 저하하는 문제점이 발생하여 실용화되지 못하였다.

바닐린 유도체의 이용은 에틸바닐린이 바닐린과 마찬가지로 향료로 사용되며, 바닐린산에스테르는 멸균작용이 있으며, 하이드록시부틸바닐린산 에틸에스테르는 호기성 박테리아에 살균성을 가지며, 특히 열에 민감한 박테리아 및 사상균에 효력이 크다.

아세토바닐론은 마취제인 파파베린의 합성용, 사진용 약품, 식물호르몬, 항산화제, 염료 등의 중간체로 이용된다.

바닐린산 아미드는 피혁공장의 소독제로 사용되며, 바닐린산 디에틸아미드는 약리작용이 있어 "반디아"라는 상품명으로 생산되고 있다. 이것은 호흡량을 증가시켜 혈압을 높이는 효과가 있으며, 벤조산 디에틸아미드 보다 15배나 높은 효과가 있음이 지적되고 있다.

프로토카테츄산은 리그닌 또는 바닐린을 240~250℃ 이상에서 알칼리융해하여 제조(수율 90%)하며, 합성섬유의 원료로 쓰이고 이것의 에스텔은 살균력이 있다.

시링길알데히드는 리그닌의 산화분해로 제조되며, 이것의 메틸화물인 트리메톡시 벤즈알데히드는 의약품의 중간원료로서, 예를 들면 혈관확장제에 수소화벤진, 거담제에 트리메톡시퀴놀, 화학요법제에 트리메토퓨린, 최면제, 진정제 및 강압이뇨제에 트리메토 벤즈아미드 등의 합성에 쓰인다.

(3) 페놀성 화합물

아래는 페놀성 화합물(Phenolic derivatives) 계통도이다.

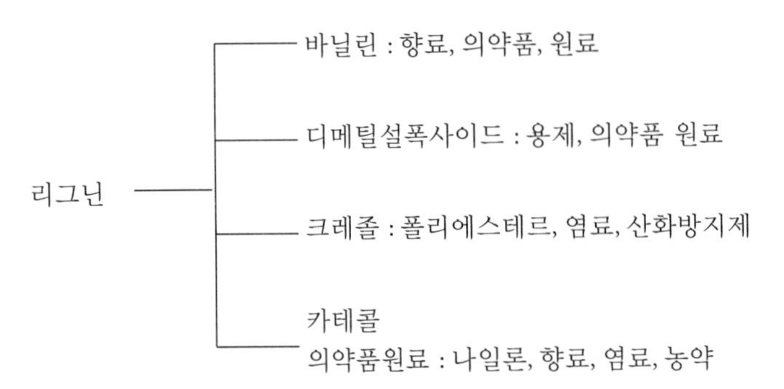

리그닌을 분해시켜 유용한 화학물질을 얻기 위한 시도는 오랜 기간동안 끊임없이 행하여 왔지만 분해생성물의 종류가 워낙 많고 각 성분의 단리單離에 어려움이 많아 여전히 많은 연구분야를 남겨 놓고 있다.

수소화 분해에 의한 페놀류의 제조는 일본 "임업시험장법"과 "야구野口연구소법"이 있으며 원료는 가수분해 리그닌이나 SP폐액 리그닌이 사용되고 있다.

전자는 금속 카르보닐을 촉매로 농황산 리그닌에서 40% 이상의 종류로부터 여러 가능한 페놀류를 얻었으며, 후자에서는 철-유황계를 촉매로 하여 SP폐액 리그닌에서 비점 280℃이하의 산성유 23.3%를 얻었다.

그러나 <표2-8>에 표시한 것과 같이 두 방법 모두 생성물이 크레졸, 자일레놀, 에틸페놀, 카테콜 등 복잡한 혼합물이 얻어져 제품으로서의 가치가 미미하다. 그러므로 분리 가능한 몇 종류의 생성물을 얻는 방법이 이상적이라 할 수 있어 미국 등지에서 많은 연구가 진행되고 있다. 최근 일차수소화 분해로 얻어진 모노페놀류의 혼합물을 hydrodealkylation시켜 페놀과 벤젠을 생성시키는 리그놀 프로세스가 개발되었다.

(4) 기타 리그닌(Lignin) 화학공업 제품

① 토질안정제

미국에서는 연간 약 5만톤의 증해폐액이 방진防塵, 동결방지를 목적으로 미포장도로 처리제를 포함하여 널리 이용되며, 일본에서도 지하수 누수방지나 노반의 강화, 표층다지기 등에 연간 600톤 정도 사용되고 있다. 토질 안정제로서 이용되는 장점은 무해하며 염가이고 충분히 응고시키는 효과를 얻을 수 있기 때문이지만 내수성이 부족한 것이 단점이다.

② 점결제 및 분산제

내화물타일, 도자기 등 요업제품 제조시 분산제나 점결제로서 사용하면 작업상의 향상, 감수, 증강, 균열이나 손상방지 등에 우수한 효과를 얻을 수 있으며, 염가의 바인더로서 이용할 수 있다.

③ 콘크리트 감수제

콘크리트반죽의 점도를 낮추며, 사용물의 양을 감소시켜 콘크리트의 강도 증가와 시멘트 절감을 가져온다. 그리고 혼화의 경우 미세한 기포를 동반하여 유동성을 향상시켜 콘크리트의 마무리 면을 개선하는 이점도 있다.

④ 농약 및 비료용 바인더

비료용 바인더로서의 리그닌 제품의 특징은 점결력이 강하고 토양 개량효과 및 촉진효과도 동시에 가지고 있다. 토양 개량제로서는 인산, 질소, 고토苦土, 망간 등의 효과가 촉진되어 토양의 단입화가 일어나며, 또 토양수분 특성의 변환이 일어난다. 칼슘 및 마그네슘 베이스 리그닌 제품은 석탄, 고토 비료로서도 유효하며 완효성 비료 원료로도 주목을 받고 있으며, 계분처리, 조류양식용 비료로서도 효과가 있다.

분해 생성물	
일본임업시험장법	야구野口연구소법
페놀 o-크레졸 m&p -크레졸 o-에틸페놀 p-프로필페놀 2.4-옥시페놀 3-메틸-4-에틸페놀 카테콜	4-에틸카테콜 4-프로필카테콜구아야콜 4-메틸구아야콜 4-프로필구아야콜 시링콜 4-메틸시링콜 4-에틸시링콜 4-프로필시링콜

<표 2-8>리그닌의 수소화 분해로 생성되는 페놀류

농약의 용도로는 유화제, 분산제, 제초제, 유해조류 번식방지제 생장촉진제 등 널리 사용되며, 최근 트리아진이나 염소의 유도체와 리그닌을 반응시켜 저독성의 농약제조, 농약의 중금속에 의한 실효방지 등에 유효하다는 보고도 있다.

⑤ 접착제, 합성수지

예부터 연구되어온 분야이며 석유파동 이후 급속히 주목받았다. 그 이유는 리그닌 제품은 화학반응성을 가진 고분자물질이며, 염가로 안정된 공급이 가능하기 때문이다. 접착제로서는 목질재료에 대한 연구가 대부분이며, 레졸타입의 페놀수지에의 응용과 노보락타입 페놀수지, 요소멜라민수지, 요소수지, 멜라민수지에 대한 열가소유동특성, 가접착성의 향상, 유리포르말린의 포집 등 많은 연구가 있다.

⑥ 활성탄, 탄소제품

활성탄 제조법으로 염화칼슘, 염화아연을 넣고 탄화, 부활시키는 방법, 황산 등에 의해 탄화 부활시키는 방법 등이 제안되고 있지만, 가격 등의 문제로 실용화 되고 있지 않지만 금후 기대할 수 있는 분야이다. 고형연료, 연료봉, 카본블랙 등의 성형 바인더로서 유용하며, 탄소섬유는 제조시 용융이 일어나지 않고 분해온도가 낮아 염가로 만들 수 있는 장점을 지니고 있다.

⑦ 피혁용 유제 및 고무용 첨가제

리그노설폰산염이 코라민과 반응하는 성질을 이용하며 예부터 유제로서 사용되었으며, 가죽의 색상을 좋게하고 충전성이 증가되며, 부식성이 적어지고, 떫은 맛의 용해성을 높여 흡착을 촉진시키는 등 우수한 효과를 가져다준다. 또 리그닌 변성 폴리염화비닐 합성피혁이 내광성에 뛰어나다는 보고도 있다. 고무의 보강제로서 KP리그닌이 많이 연구되었지만, SP리그닌도 사용 가능하며, 어느 정도 노화방지 효과가 있다.

⑧ 도료, 안료 및 염료의 첨가제

분산염료, 스텐염료, 아조염료의 분산제나 균염제로서, 침엽수 증해폐액의 에탄올 발효 잔사액이나 부분 탈설폰화한 리그노설폰산은 우수한 성능을 나타내어 염료제조시나 염색시 널리 사용되고 있다. 고온분산 안정성이 특히 요구되는 폴리에스테르용 분산염료로서 부분 탈설폰화 리그닌계의 제품이 주목받고 있으며, 카본블랙이나 산화티탄등의 분산제나 조립제, 분쇄조제, 인쇄잉크의 배합제 등에도 이용되고 있다.

⑨ 목제품, 펄프-제지용 각종 첨가제

목재표면의 강도, 내수성, 내화성, 치수안정성, 내후성 등의 증대를 위한 개질제 내지 오크색 마무리용 등에 이용할 수 있다. 펄프-종이에서는 판지의 강도향상제, 부분 탈설폰화를 시킨 변성리그노설폰산은 고지의 탈묵제, 사이즈조제, 지관용 접착제 등에 이용되고 있다.

⑩ 폭약, 소화제용 첨가제

캐나다, 미국에서 증해 폐슬러리가 폭약제조에 이용되고 있다. 그러나 증해 폐슬러리를 이용한 분말소화제 분야의 연구는 아직 실용화되지는 못하고 있다.

⑪ 전기관계 제품용 첨가제

연축전지나 알칼리축전지의 음극판 방축제로서 리그닌을 첨가하면 전지의 저온 급방전용량이나 수면의 행상이 가능하며 일본에서는 연간 약 100톤 정도 사용되고 있다. 또 콜로이드 축전지의 전해액에 첨가하면 전지 수명이 향상되며, 리그노설폰산으로 코팅한 폴리염화비닐수지를 연축전지 분리제에 사용하는 기술도 공업화되어 있다.

⑫ 치금 및 금속공업

주물관계에서는 생사형이나 건조사형의 보조바인더, 셀모드 가수형 붕괴제, 모래의 유동성 향상제 등에 이용되며, 일분에서는 연간 액 31,000톤 정도의 증해폐액이 사용되고 있다. 그리고 철광석의 산화페레트 제조용 바인더, 철, 아연, 동, 니켈, 망간 등 각종 분광석의 페레트 혹은 프리게트 제조에 이용되고 있다. 그리고 동이나 아연 등의 전해정제법에 암모니아 베이스의 리그닌 제품을 첨가하여 정제금속의 음극에의 균일전착이 가능해지며, 또 전착이 촉진되어 전류 효율도 향상된다. 또 알미늄의 알칼리액 중에서의 가용화 방지제, 양극산화조제, 스탠레스강의 화학 연마용 조제, 전기철판에의 유기 피막 형성제, 보일러, 냉각관, 석유탱크 등의 스케일 방지제, 방식제등 예부터 많은 분야에 사용되고 있다.

2.7 목재의 가수분해加水分解(Hydrolysis)

목재의 가수분해(hydrolysis)를 쉽게 이해하기 위해 셀룰로오즈, 헤미셀룰로오즈, 리그닌등의 화학적 성질의 이해가 필요하다. 산酸에 의한 가수분해로 당이 생성되는 성분은 셀룰로오즈와 헤미셀룰로오즈이며,리그닌은 가수분해加水分解에 의해 각종 저低 phenol성 물질로 되어 유기합성 원료로 이용될 수 있다.

(1) 셀룰로오즈(Cellulose)의 가수분해加水分解

목질물질로 부터 분리된 셀룰로오즈의 산촉매 반응에 의한 가수분해加水分解를 받아 hexose로 변화하는 반응.

$$(C_6H_{10}O_5)n + nH_2O \xrightarrow{H^+} nC_6H_{12}O_6 \text{ ....①}$$

cellulose hexose

$$C_6H_{12}O_6 \rightarrow C_3H_7(CO)COOH + HCOOH \text{ .... ②}$$

levulinic acid formic acid

산의 농도 및 반응온도에 따라 ①과 ② 의 반응에 영향을 미치기 때문에 어떤 생성물을 목적으로 하느냐에 따라 산의 농도와 반응온도 등이 선택된다.

$$nC_6H_{12}O_6 \longrightarrow 2nC_2H_5OH + 2nCO_2$$

효소반응 $\longrightarrow 2nCH_3COCH_3 + 2nO_2$

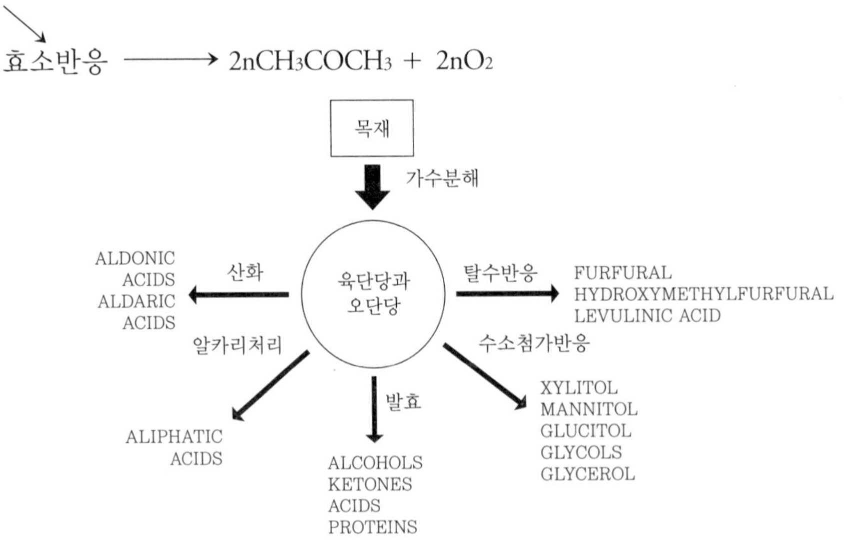

<그림 2-55> 木材의 加水分解 系統圖

① Peoria 법
- 프랑스의 Braconnot(1819)가 처음 발견한 제조법이다.
- 본격적 공업생산은 미국 일리오이주 Peoria 에서 대량생산을 개시하였다.

② Giordani 법
- 제 2 차 세계대전 中 이탈리아에서 연료용 알코올 생산이 시초였다.

③ 북해도법
- 1944년 식량부족을 메우기 위해 목질자원으로 부터 Glucose 제조 방법을 고안하여 실용화 하였다.

④ Madison법(휘황산 고온법)
- 미국 FPL(Forest Product Laboratory)가 독일의 Schöllor법을 개량하여 채택된 당화법이다.
- 세계 2차 대전 중 연료부족 보충용으로 당화를 통해 알콜생산을 시도하였다.

⑤ 소련법
- 소련 시베리아 지방의 산림자원이용과 식량부족을 보충하기 위해
- 당화를 통한 알코올 발효로 소위 "보다카"의 원료로 사용하였다.

⑥ 효소법
- Cellulose의 분해효소인 cellulase를 이용한 목재의 당화방법을 말한다.

⑵ 헤미셀룰로오즈(Hemicellulose)의 가수분해加水分解

일반적으로 목재를 산-가수분해酸-加水分解 시키면 당화액은 glucose 이외에 주로hemicellulose로 부터 유래하는 당류를 포함한다.

셀룰로오즈(cellulose)로 부터 얻게 되는 순 glucose 결정을 고수율로 얻기 위해 결정모액으로 부터 비非 glucose 물질을 제거할 필요가 있으며, 결국 결정모액은 셀룰로오즈로 부터 각각 주主 가수분해(main-hydrolysis)와 비교적 온화한 조건의

전가수분해(pre-hydrolysis)로 부터 얻을 수 있다.

즉 처음에 중합도(degree of polymerization : DP)가 낮은 hemicellulose가 그에 상당하는 pentose, hexose로서 초산, 수지, 회분등과 목재의 본체로 부터 용출 분리된다.

$$(C_6H_8O_4)n_1,(C_6H_{10}O_5)n_2 + (n_1 + n_2)H_2O \xrightarrow{H^+} n_1C_5H_{10}O_5 + n_2C_6H_{12}O_6$$

⑶ 리그닌(Lignin)의 가수분해加水分解

산에 의해 lignin은 고분자 상태에서 저분자 상태의 phenylpropane 형태로 되어 새로운 유기합성 산업의 원료로 사용 할 수 있다.

☺ 토론 ISSUES

1. 본장에서 말하는 '꿈의 섬유' Tencel은 무슨 원료를 어떻게 가공하여 생산되는가?

2. 셀룰로오즈의 고분자형 구조로 인해 생산할 수 있는 셀룰로오즈 유도체는 거의 무한정이 될 수 있다는 논리는 긍정적인가 또는 부정적인가?

3. 분자량이 셀룰로오즈보다 훨씬 적은 헤미셀룰로오즈의 화학적 또는 물리적 이용의 연구나 개발이 잘 나타나지 않는 이유는 무엇이라고 생각하는가?

4. 리그닌 역시 셀룰로오즈와 마찬가지로 매우 복잡한 고분자 물질로 이 리그닌이 매우 다양한 화합물과 화학제품을 만들 수 있는 근본 원인은 무엇인가?

참고문헌

1. Bucher, H. (1965). Das Geheimnis des Holzes. *Hespa mitt.* 15(3), 1~24.

2. Core, H.A., Cote, W.A., and Day, A.C. (1979). "Wood: Structure and Identification", 2an ed.(1965). "Cellular Ultrastructure of Woody Plants." Syracuse Univ. Press, Sysracuse, New York.

3. Cote W.A., Jr., ed.(1965). "Cellular Ultrastructure of Plants." Syracuse Univ. Press, Syracuse, New York.

4. Cote W.A., Jr.(1967). "Wood Ultrastructure." Univ. of Washington Press, Seattle.

5. Frey-Wyssling, A., and Muhlethaler, K. (1965). "Ultrastructural Plant Cytology(with an Introduction to Moleculor Biology)". Elsevier, Amsterdam.

6. Ilverssalo-Pfaffli, M.-S. (1967). The structure of wood. *In* "Wood Chemistry"(W. Jensen, ed.), 1st ed., Vol. 1(B1), pp.1~50. Text Handb. Finn. Pap. Eng. Assoc., Helsinki. (In Finn.)

7. Ilvessalo-Pfaffli, M.-S. (1977). The structure of wood. *In* "Wood Chemistry"(W.Jensen, ed.), 2nd ed., Vol. 1, pp.7~81, Text Handb. Finn. Pap. Eng. Assoc., Helsinki. (In Finn.)

8. Mark, H. (1940). Intermicellar hole and tube system in fiber structure. *J. Phys. chem.* 44, 764~787.

9. Meier, H. (1958). The fine structure of wood fibers. *Sven. Papperstivn.* 61, 633~640. (In Swed.)

10. Panshin, A.J., and de Zeeuw, C. (1980). "Textbook of Wood Technology, Vol. 1, Structure, Identification, Uses and Properties of the Commercial Woods of the United States and Canada," 4th ed. McGraw-Hill, New York.

11. Timell, T.E. (1973). Ultrastructure of the dormant and active cambial zones and the dormant phloem associated with formation of normal and compression woods in Picea abies(Karst.). *Tech. Publ. -State Univ. N.Y., Coll. Environ. Sci. For., Syracuse* No.96, pp. 1~23.

12. Tsoumis, G. (1968). "wood as Raw Material." Pergamon, Oxford.

13. Aspinall, G.O. (1970). Pectins, plants gume and other plant polysaccharides. *In* "The Carbohydrates" (W. Pigman and D. Horton, eds.), 2nd ed., Vol. 2B, pp.515~536. Academic press, New York.

14. Bikales, N.M., and Segal, L., eds. (1971). "Cellulose and Cellulose Derivatives, Parts Ⅳ~Ⅴ," 2nd ed. Wiley (Intersciance), New York.

15. Billmeyer, F.W., Jr. (1965). Characterization of molecular weight distributions in high polymers. I. *Polym.Sci., Part C,* No. 8, 161~178.

16. Blackwell, J., Kolpak, F.J., and Gardner, K.H. (1977). Structures of native and regenerated

cellulose. *In* "Cellulose Chemistry and Technology" (J.C. Arthur, Jr., ed.), ACS Symposium Series, No. 48, pp.42~55.

17. Brown, W.J. (1966). The configuration of cellulose and derivatives in solution. *Tappi* 49, 367~373.

18. Browning, G.L. (1967). "Methods of Wood Chemistry", Vol. 2, pp. 561~587. Wiley (Interscience), New York.

19. Delmer, D.P. (1980). Cellulose synthesis. *In* "CRS Handbook Series of Biosolar Resources, Vol. 1, Basic Principles" (C.C. Black, A. Mitsui, and O.R. Zaborsky, eds.). CRS Press, Boca Ration, Florida (in press).

20. Gradner, K.H., and Blackwell, J. (1974), The hydrogen bonding in native cellulose. *Biochim, Biophys.* Acta 343, 232~237.

21. Goring, D.A.I. (1962). The physical chemistry of lignin. *Pure App. Chem.* 5, 233~254.

22. Goring, D.A.T (1971). Polymer properties of lignin and lignin derivatives. *In* "Lognins" (K.V. Sarkanen and C.H. Ludwig. eds.), pp.695~768. Wiley(Interscience), New York.

23. Hassid. W.Z. (1970). Biosynthesis of sugars and polysaccharides. *In* "The Carbohydrates" (W. Pigman and D. Horton, eds.), 2nd ed., Vol. 2A, pp.301~373. Academic Press, New York.

24. Johansson, M.H., and Samuelson, O. (1977). Reducing end groups in birch xylan and their alkaline degradation. *Wood Sci. Technol.* 11, 251~263.

25. Kolpak, F.J., and Blackwell, J. (1976). Determination of the structure of cellulose Ⅱ. *Macromolecules*, 9, 273~27~.

26. Kolpak, F.J., Weith, M., and Blackwell, J. (1978). Mercerization of cellulose: 1. Determination of the structure of mercerized cotton. *Polymer* 19, 123~131

27. Leloir, L. F. (1964). The biosynthesis of polysaccharides. Proc. Plenary Sess. Int. Congr. Biochem., *6th, New York, pp.* 15~29.

28. Meier, H. (1962). Studies on a galactan from tension wood of beech(Fagus Silvatica L.). Acta Chem. Scand. 16, 2275~2283.

29. Meier, H., and Wilkie, K.C.B. (1959). The distribution of polysaccharides in the cell-wall of tracheids of pine (pinus silverstris L.). *Holzforschung* 13, 177~182.

30. Miller, L.P., ed. (1973). "Phytochemistry," Vol. 1. Van Nostrand-Reinhold, New-York.

31. Nikaido, H., and Hassid, W.Z. (1971). Biosynthesis of saccharides from gulcopyranosyl esters of nucleoside pyrophosphates ("sugar nucleoides"). *Adv. Carbohydr. Chem. Biochem.* 26, 351~483.

32. Ott, E., Spurlin, H.M., and Grafflin, M.W., eds. (1954). "Cellulose and Cellulose Derivatives,

Parts Ⅰ ~ Ⅲ," 2nd ed. Wiley(Interscience), New York.

33. Overend, W.G. (1972). Glycosides. *In* "The Carbohydratess" (W. Pigman and D. Horton, eds.), 2nd ed., Vol. 1A, pp. 279~353. Academic Press, New York.

34. Sjostrom, E., and Enstrom, B. (1967). Characterization of acidic polysac-charides isolated from different pulps. *Tappi* 50, 32~36.

35. Sumi, Y., Hale, R.D., and Randy, B.G. (1963). The accessibility of native cellulose isolated from different pulps. *Tappi* 50, 32~36.

36. Sumi, Y., Hale, R,D., Meyer, J.A., Leopold, B., and Randy, B.G. (1964). Accessibility of wood and carbohydrates measured with tritiated water. *Tappi* 47, 621~624.

37. Timell, T.E. (1964). Wood hemicellulose, Part Ⅰ, *Adv. Carbhydr, chem Biochem.* 19, 247~302.

38. Timell, T.E. (1965). Wood hemicellulose, Part Ⅱ, *Adv. Carbohydr. Chem. Biochem.* 20, 408~483.

39. Timell, T.E. (1965). Wood and bark polysaccharides. *In* "Cellular Ultra-structure of Woody Plants" (W.A. Cote, Jr., ed.), pp. 127~156. Syracuse Univ. Press, Syracuse, New York.

40. Timell, T.E. (1976). Recent progress in the chemistry of wood hemiclluloses. *Wood Sci. Technol.* 1, 45~70.

41~ Whistler, R.L., and Richards, E.LL. (1970). Hemicelluloses. *In* "The Carbohydrates" (W. Pigman and D. Horton, eds.), 2nd ed., Vol. 2A, pp.447~469. Academic Press, New York.

42. Adler, E. (1977). Lignin chemistry-Part, present and future. *Wood Sci. Technol.* 11, 169~218.

43.~Eriksson, O., and Lindgren, B.O. (1977). About the linkage between lignin and hemicellulose in wood. *Sven. Papperstidn.* 80. 59~63.

44. Fergus, B.J., and Goring, D.A.I. (1970). The distribution of lignin in birch wood as determinde by ultravivlet microscopy. *Holzforschung* 24, 118~124.

45. Fergus, B.J., Procter, A.R., Scott, J.A.N., and Goring, D.A.I. (1969). The distribution of lignin in sprucewood as determined by ultraviolet microscopy. *Wood Sci. Technol.* 3, 117~138.

46. Freudenberg, K., and Neish, A.C. (1968). "Constitutiono and Biosynthesis of Lignin." Springer-Verlan, Berlin and New York.

47. Goring, D.A.I. (1962). The physical chemistry of lignin. *Pure Appl.* Chem. 5, 233~254.

48. Goring, D.A.I. (1971). Polymer properties of lignin and lignin derivatives. In "*Lignin*" (K.V. Sarkanen and C.H. Ludwig. eds.), pp. 695~768. Wiley (Interscience), New York.

49. Higuchi, T., Shimada, M., Nakatsubo, F., and Tanahashi, M. (1977). Differences in boisynthesis of guaiacyl and syringl lignins in woods. *Wood Sci. Technol.* 11, 153~167.

50. Lai, Y.Z., and Sarkanen, K.V. (1971). Isolantion and structural structural studies. *In* "Lignins" (K.V. Sarkanen and C.H. Lndwig, eds.), pp. 165~240. Wiley(Interscience), New York.

51. Obiaga, T, I. (1972). Lignin molecular weight and molecular weight dirstri-bution during alkaline pulpuing of wood. Ph. D. Thesis, Univ. of Tornto, Tronto.

52. Sarkanen, K.V. (1971) Precursors and their polymerization. *In* "Lignins"(K.V. Sarkanen and C.H. Ludwig, eds.), pp. 95~163. Wiley(Interscience), New York.

53. Sarkanen, K.V., and Hergert, H.L. (1971). Classification and distribution. *In* "Lignins" (K.V. Sarkanen and C.H. Ludwig, eds.), pp. 43~94. Willey(Interscience), New York.

54. Sarkanen, K.V., and Ludwig, C.H. (1971). Definition and nomenclature. *In* "Lignins" (K.V. Sarkanen and C.H. Ludwig, eds.), pp. 1~18. Wiley(Interscience), New York.

55. Sarkanen, K.V., and Ludwig, C.H., eds. (1971) "Legnins." Wiley(Interscience), New York.

56. Wardrop, A.B. (1971). Occurrence and formation in plants. *In* "Lugnins" (K.V. Sarkanen and C.H. Lndwig, eds.), pp. 18~41. Wiley(Interscience), New York.

57. Bikales, N.M. (1971). Ethers form α,β-unsaturated compounds. *In* "Cellulose and Cellulose Derivatives" (N.M. Bikales and L. Segal, eds.) Part Ⅴ, pp. 811~833. Wiley(Interscience), New York.

58. Bikales, N.M., and Segal, L., eds. (1971). "Cellulose and Cellulose Derivatives", Part Ⅴ. Wiley(Interscience), New York.

59. Buytenhuys, F.A., and Bonn, R. (1977). Distribution of substiuents in CMC. *Papier(darmstadt)* 31, 525~527.

60. Cassidy, H,G., and Kun, K.A. (1965). "Oxidation-reduction Polymers", pp. 41~52. Wiley(Interscience). New York.

61. Demint, R.J., and Hoffqauir, C.L. (1957). Influence of pretreatment on the reactivity of cotton as measured by acetylation. *Text.Res.* J. 27, 290~294.

62. Gal' braikh, L.S., and Rogovin Z.A. (1971). Derivatives with unusual functional groups. *In* "Cellulose and Cellulose Derivatives" (N.M. Bikales and L. Segal, eds.), Part V, pp.877~905. Wiley(Interscience), New York.

63. Goldman, R., Goldstein, L., and Katchalski, E. (1971). Water-insolubenezyme derrivatives and artifical enzyme membranes. *In* "Biochemical Aspects of Reacions on Solid Supports" (G.R. Stark, ed.), pp.1~72. Academic Press, New York.

64. Hanies, A.H. (1976). Relative reactivities of hydroxyl groups in carbohy-drates. *Adv. Carborhydr. Chem. Biochem.* 33, 11~109.

65. Hiatt, G.D., and Rebel, W.j. (1971). Esters. In "Cellulose and Cellulose Derivaties" (N.M. Bikales and L. Segal, eds.), Part Ⅴ, pp.741~784. Wiley(Interscience), New York.

66. Malm, C.J. (1961). Pulp for acetylation, *Sven. Papperstidn.* 64, 740~743.

67. Mark, H.F., Gaylord, N.G., and Bikales, N.M., eds. (1965). "Encyclopedia of Polymer Science and Technology," Vol. 3, pp.131~549. Wiley(Interscience), New York.

68. Mutton, D.B. (1964). Cellulose Chemistry. *Pulp Pap. Mag. Can.* 65, T41~T51.

69.~Ranby, B. (1952). Fine structure and reactions of native cellulose. Ph, D. Thesis, Univ. of Uppsala, Uppsala.

70. Ranby, B., and Rydholm, S. (1955). Cellulose and cellulose derivatives. *In* "Polymer Processes" (C. Schidknecht, ed.), pp.351~428. Wiley(Interscience), New York.

71. Rowland, S.P. (1978). Hydroxyl reactivity and availability in cellulose. *In* "Modifide Cellulosics" (R.M. Rowell and R.A. Young, eds.), pp. 147~167. Academic Press, New York.

72. Rydholm, S.A. (1965). "Pulping Processes", pp. 100~156. Wiley, Now York. Savage, A.B. (1971). Ethers. *In* "Collulose and Cellulowe Derivatves" (N.M. Bikalas and L. Segal, eds.), Part Ⅴ, pp. 785~809, Wiley(Interscience), New York.

73. Segal, L. (1971). Effect of morphology on reactivity. *In* "Cellulose and Cellulose Derivatives" (N.M. Bikales and l. Segal, eds.), Part Ⅴ, pp.719~739, Wiley(Interscience), New York.

74. Stannett, V.T., and Hopfenberg, H.B. (1971). Graft Copolymers. *In* "Cellulose and Cellulose Dervatives"(N.M. Bikales and L. Segal, eds.), Part Ⅴ, pp. 907~936. Wiley(Interscience), New York.

75. Tesoro, G.C., and Willard, J.J. (1971). Crosslinked Cellulose. *In* "Cellulose and Cellulose Derivatives" (N.M. Bikales and L. Segal, Eds.), Part Ⅴ, pp. 835~875. Wiley(Interscience), New York.

76. Timell, T. (1950). Studies on cellulose reactions. Ph. D. Thesis, Univ. of Stockholm, Stockholm.

77. Tripp, V.W. (1971). Measurements of crystallinity. *In* "Cellulose and Cellulose Derivatives" (N.M. Bikalse and L. Segal, eds.), Par Ⅳ, pp. 305~323. Wiley(Interscience), New York.

78. Turbak, A.F., ed. (1975). "Cellulose Technology Research," ACS Symposium Series, No. 10 Am. Chem. Soc., Washington, D.C.

79. Turbak, A.F., ed. (1977). "Solvent Spun Rayn, Modified Cellolose Fibres and Derivatives," ASC Symposium Series, No. 58. Am. Chem. Soc., Washington, D.C.

80. Wadsworth, L.C., and Cuculo, J.A. (1978). Determination of accessibility and crystallininty. *In* "Modified Cellulosics" (R.M. Rowell and R.A. Young, eds.), pp. 117~146). Academic Press, New York.

81. Ward, K., Jr. (1973). "Chemical Modification of Papermaking Fibers," Dekker, New York.

제4장 목재자원의 3차산업(21세기 목재산업)

인류의 역사가 이 지구상에 존재하기 시작한 시기에 대해서는 여러 학설이 있으나 대충 수십만년전으로 보는 것이 그 중 가장 많이 주장하는 학설이다. 이 인류역사 가운데 현재가 가장 어렵고 해결해야할 문제가 많은 시대가 아닌가 생각한다. 지금까지 인류의 물질문명은 더 이상의 발전이 없을 정도로 발달하여 왔지만, 세계 곳곳에서 분쟁과 인재들이 거듭되고 있다. 여러 국가들의 국경분쟁, 종교분쟁, 사상분쟁등 이루 헤아릴 수 없는 분쟁과 물질문명의 발달은 자연 환경의 파괴즉 대기온도의 상승, 세계 곳곳의 기후의 변화가 초래되었다. 그 결과 홍수와 가뭄의 양극화 현상을 나타내는 소위 '엘리뇨 현상', 대기온도의 상승으로 인해 남극과 북극의 빙하의 해빙, 이로 인해 바다 해수면의 상승과 해일등 이 지구촌이 안고 있는 문제는 너무나 심각하다. 우리들 스스로 자멸의 위기의식을 느끼는 요즈음, 그래서 '자연으로 돌아가자'는 지구촌 전체의 NGO활동이 등장하게 되었다고 본다.

이러한 활동의 한 방법으로 산림자원을 공부하는 우리들로서는 이러한 지구촌의 재생을 목재자원의 3차산업을 통해 그 해결점을 찾는데 도움이 되고져 이장을 전개하려 한다.

제1절 환경임업사업

1.1 교토의정서 발효

1992년 일본 도쿄에서 개최된 지구촌 정상회의 및 1997년 역시 일본 쿄토에서 개최된 지구촌 환경오염 방지 대책회의에서 가장 중점적으로 논의된 이슈는, 지구촌 환경오염의 주범이 무엇이며 또한 어느 나라에서 가장 많은 환경오염의 원인을 제공하는가 등에 많은 결론을 얻었지만, 그 중 가장 중요한 원인은 우선 지구촌의 대기온도의 상승이란 결론을 얻었으며 이 대기온도의 상승은 세계 각국의 농산물의 생산을 증대시키기위해 자연환경의 자연적 조건에서 농산물을 생산하기 보단 증산을 위한 소위 그린하우스(green house)재배가 주 원인인 것으로 밝혀졌다. 이 그린하우스에서 배출되는 CO 및 CO_2는 첫째, 대기의 보호막 역할을 통해 각종 산업활동 및 인간활동에서 배출되는 열의 발산을 막아 대기온도의 상승을 가져옴은 물론 둘째, CO 및 CO_2 자신이 대기권을 둘러싸고 있는 오존(O_3)층을 $CO + O_3 \rightarrow CO_2 + O_2$ 의 형태로 파괴하여 파괴된 오존층의 구멍을 통해 태양의 직사광선이 지표면을 내려쬐어 대기온도의 상승을 주도해 왔다고 1997년 일본 '교토협약' 은 규정하였다.

세계 80여개국이 인준한 1997년 소위 '교토협약'은 세계각국이 각국의 그린하우스면적과 산업화 정도에 따라 이런 자연환경오염의 방지에 필요한 예산을 책정하고 그 예산을 UN의 산하기구에서 수합하고 집행하도록 결정하였으나, 중국, 인도 및 브라질과 같이 그린하우스의 면적과 이에 관련된 산업화의 수준이 EC선진국 수준을 능가함에도 그들이 분담하여야 할 '환경 부담금' 의 UN 제출에 매우 소극적인 현실이었다.

현재 UN 산하의 1997년 '교토협약' 가입국은 170개국에 달하고 있으나 여전히 앞에서 언급한 몇 국가의 비협조로 인해 이 협약의 시행이 아주 효율적이라고 할 수 없는 실정이다.

'교토협약'이 규정한 내용 가운데 중요한 몇 가지를 나열하면,

① 화석연료의 사용을 국가별로 일정비율로 줄일 것

② 열원으로 사용하는 화석연료 대신 바이오매스(biomass)에너지, 풍력 에너지 및 태양에너지 제조기술을 개발하고 사용할 것

③ CO 및 CO_2 가스의 발산을 줄이는 시설을 채용할 것
등에 관한 구체적이고 상세한 규정을 포함하고 있다.

UN 산하 EPA(Environmental Protection Agency) 가 1998년 4월에 '포도송이 법규' 라는 새로운 법규를 제정하였는데, 이 법규는 공기, 물 그리고 산업 폐기물에 의한 오염을 각기 개별규제형태로 운영하기 보다는 전체 자연환경오염의 방지라는 단일과제의 형태로 어떤 기준을 정하여 그 기준에 의해 자연환경오염 문제를 해결하자는 입장이다.

이러한 자연환경오염의 방지를 위한 사업의 한 형태로 이미 UN이 구체적으로 지정한 바이오매스(biomass) 에 의한 대체에너지 산업은 말할 필요 없고, 산림 바이오매스자체가 배출하는 여러 물질들이, 대기온도의 상승을 저수등을 통해 막아주거나 또는 산림자체가 여러 중금속 형태의 환경오염 물질을 정화하는 역할 등을 통해 앞으로 21세기는 이러한 환경임업산업이 매우 각광을 받으리라 예측된다.

목질 바이오매스(lignocellulosic biomass)의 어떤성분이 방출되기 때문에 건강한 육체와 건강한 정신에 도움이 되는 것일까? 그 평범한 신비를 벗겨본다.

1.2 피톤치드(phytoncide) 발산

산림이 지니고 있는 또 하나의 목재의 신비는 피톤치드를 비롯해 인간의 건강생활에 필수적이라 할 수 있는 여러 종류의 물질을 특히 광합성이 활발히 이루어지는 낮시간동안 방출한다는 사실이다. 그 내용은 다음과 같다.

• 원적외선 방출

원적외선 :가시광선 중 파장이 가장 긴 빨간색의 바로 바깥에 있는 파장이 긴 적외선

원적외선과 인체 :피부 밑에 모세혈관의 원적외선에 의한 확장 ⟶ 신진대사 강화, 증가 ⟶ 심장보호효과

암발생 예방 : 건축자재의 라돈 함유 ⟶ 암발생 ⟶ 목재 라돈함유 전무

피톤치드 발산 : 산림욕 ⟶ 테르펜 성분의 피톤치드 효과 ⟶ 생리적 및

심리적 활성 효과(1헥타르 : 3~5kg/day)

테르펜의 효과 : 살충, 항균, 항곰팡이등 효과

목재의 기타 환경기능 : 눈의 피로감 감소
청각적 효과 우수
생체리듬 효과
생활정서 효과
보행감 효과
건축물 바닥 효과

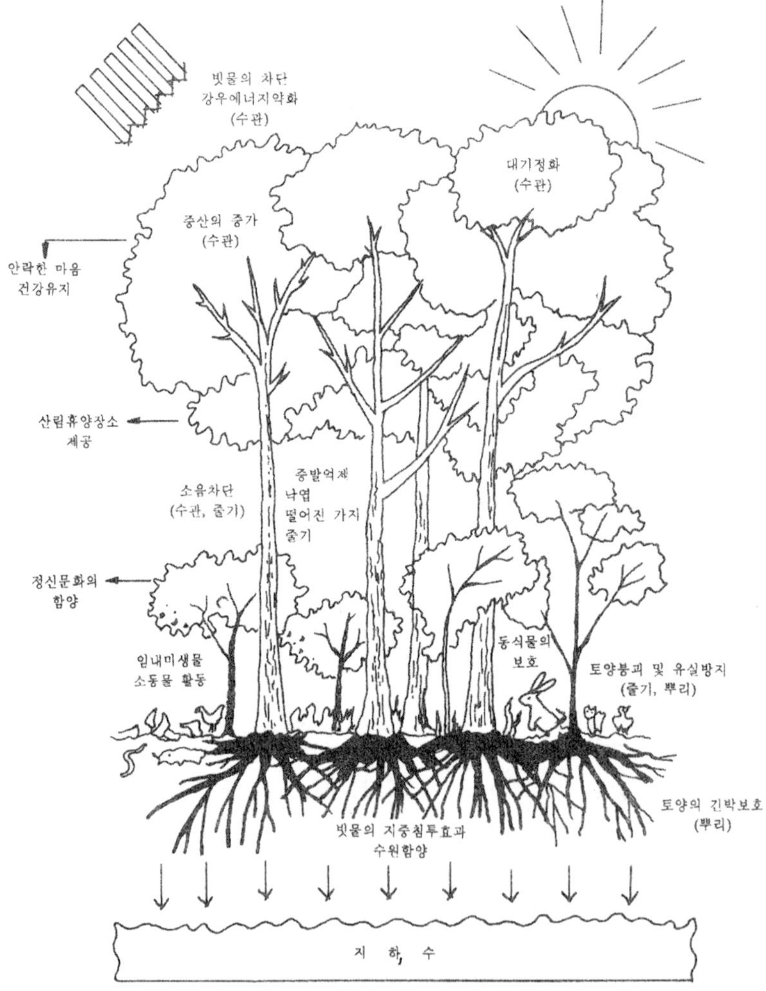

<그림3-1> 산림의 환경관련 기능들(한국의 산림과 임업도설에서 전재)

이와 같은 효과와 기능을 지니는 목재자원 가운데 어떤 수종이 그 지역과 기후 그리고 산림육성의 사회조건에 적합한지, 그리고 그 수종의 경제성 등을 고려하여 그 지역에 맞는 수종의 발견, 조림 및 육성사업이 21세기 환경임업의 요체와 목표이다.

1.3 환경오염 방지책

우리나라 산림과학원이 이 분야의 산림환경 보전 및 공익기능 유지 증진을 위한 기술개발을 위하여 산림생물다양성 보전 및 생태계 변화 연구, 지구환경에 따른 생태계변화연구, 훼손된 생태계의 생태적 조성 및 관리기술의 체계화, 환경변화에 따른 수목의 피해 원인 규명과 관리대책 수립방안 연구 등을 수행하고 있다.

<그림3-2> 장기생태 관측시스템

<그림3-3>수목의 생리활성 측정

<그림3-4> 산림유출 수량측정

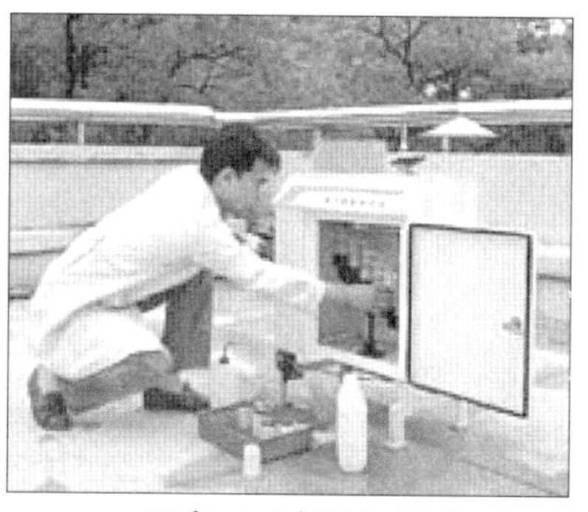
<그림3-5> 산성비 채취

한편, 기상이변에 따른 산지재해로부터 산림을 보호하고, 산원수山源水의 수질 보전 및 수자원 증진을 위한 산림관리기술을 개발하며 산림환경오염 피해의 지속적인 모니터링과 피해임지 복원, 완충력이 높은 건전한 산림토양 관리기술 개발을 목표로 하고 있다.

<그림3-6> 산림토양조사

제2절 산림보호사업

2.1 사방사업砂防事業

<그림3-7> 산림의 황폐화로 인한 홍수

<그림3-8> 산림지역이었던 곳의 사막화 모습

위 그림은 앞 절에서 설명한 바와 같이 그린하우스재배로 인한 CO가스의 배출, 그리고 기타 산업발달과 더불어 발생한 환경오염으로 인한 대기권의 오존(O_3)층의 파괴, 그로인해 대기온도의 상승과 더불어 남.북극의 빙하의 해빙은 해

수면의 상승을 가져와, 그 결과 기온의 불균형과 지역별 기온의 차로 인해 가뭄과 홍수의 극심한 폐해 현상을 <그림3-7>과 <그림3-8>은 보여주고 있다.

<그림3-9> 간벌목 해수욕장의 습격

아까시 황화현상 전국확대

사방공신 이제 막내리나

관리부실이 주요인
황화현상 원인규명

<그림3-10> 아까시산림의 산림보호 부족의 결과

<그림3-9>는 우리나라 강원도 양양군 오산해수욕장 백사장에 강원도내 산간지역으로부터 홍수로 인해 떠내려 온 간벌목과 폐잔목의 모습이다. 이렇듯 우리나라 산림보호 및 효율적 이용산업은 여전히 답보상태의 모습을 보여주고 있다.

<그림3-10>은 산사태 및 푸른 산 가꾸기 운동의 일환으로 조성된 그 유명한 아까시 나무가 더 이상 사방공신의 역할을 하지 못하는 이유가 우리나라 봄 계절에 불어오는 중국의 황사에 의해 아까시 나무의 잎마름병을 유발한 결과라는 연구보고가 있었다.

위 그림들의 매스컴 보도에서 보듯이 산림이 방치, 무관심 그리고 보호 육성을 게을리 함으로 이미 여러 후유증과 피해의 심각성은 21세기의 각종 산업생산의 발달과 양적 증대와 더불어 결국 산림의 황폐화를 가속시켜 전 인류의 공멸을 자초하지 않을 수 없는 상태가 예견되는바 21세기는 이러한 예상에 적극 대처하는 산림보호 산업의 예산 투입과 확대는 필수적 사업이라고 본다.

"숨막혀 못살겠다"

산림육성이 황사피해 최선대책

중금속 다량흡수 식물

유전자 조작으로 개발

<그림3-11> 간벌이 효율적으로 이루어지지 않은 산림

<그림3-12> 중국황사로 인한 중금속 등의 먼지를 흡수할 수 있는 유일책은 산림육성

2.2 병충해病蟲害 방지사업

국립산림과학원이 산림자원 보전 및 임업생산성 향상을 위해 병해충 예찰 및 발생 예측모델을 개발하여, 산림 생태계에 미치는 영향을 최소화할 수 있는 무공해 생물농약, 천적미생물 등을 이용한 환경친화적 방제법 및 밤, 버섯 등 특용작목의 병해충 방제기술을 연구하고 있다. 특히 최근 나타난 외래 병충해 가운데 소나무재선충이란 벌레는 앞으로 그대로 방치하는 경우 불과 수십 년 이내 우리나라 소나무는 산림지역에서 자취를 감추게 되고 그 결과 향후 1세기동안 우리나라에서 소나무를 보게 되는 경우는 없다는 것이 전문가들의 견해이다.

<그림3-13> 솔잎혹파리 성충

<그림3-14> 잣나무넓적잎벌 유충

<그림3-15> 병충해항공방제

또한 산림을 산불로부터 보호할 수 있는 효과적인 산불발생위험도 예측모델과 예방기법, 그리고 진화기술 및 소화약제 · 진화장비를 개발하여, 산불피해지의 조기복원을 위하여 피해지 생태변화 및 피해지 조기 복원기술을 연구하고 있다.

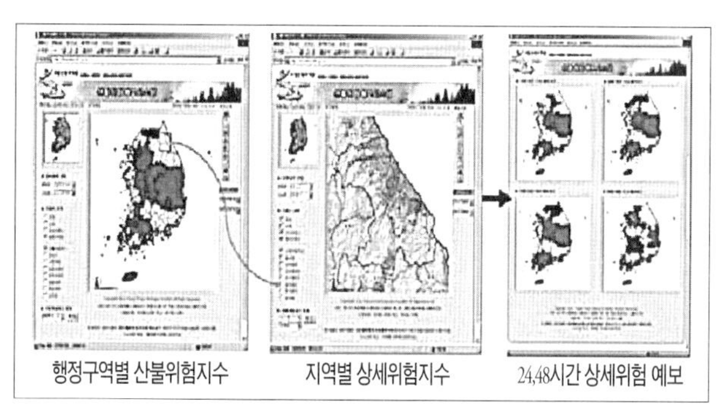

<그림3-16> 산불위험예보의 전산화 시스템

<그림3-17> 헬기산불진화모습

제3절 산림휴양산업山林休養産業

우리나라 산림법 제31조에 의하면 자연 휴양림 또는 산림 휴양림은 '국민의 보건휴양, 정서함양 및 자연학습교육과 산림 소유자의 소득증대에 이바지하기 위하여 필요하다고 인정할 때 경관이 수려한 산림으로서 대통령령이 정하는 기준에 해당하는 산림' 에 대해 산림청장이 지정하는 산림이다.

(1) 21세기는 고도의 산업사회 ⟶ IT 등 정신노동 사회
⟶ 정신적 스트레스 만연사회

(2) 21세기는 인간의 레크리에이션 및 휴식공간의 점진적 축소 사회

(3) 21세기는 정신노동과 정비례하여 정신적 휴식공간 및 시설 욕구사회

(4) 21세기는 각종 산업의 발달에 의한 육체적 손실이 필연적 사회

(5) 21세기는 산림휴양 또는 자연휴양림 산업의 필요성 절정사회
ⓐ 국가적 차원에서 국민에게 건전한 휴식공간 제공 의무(사회복지 차원)
⟶ 산림휴양산업 촉진(세제 및 보조금지원 등)

ⓑ 물질적 국민 소득 증대 ───→ 필연적인 휴식 및 휴양공간 욕구
───→ 산림휴양산업 촉진

ⓒ 새로운 환경친화적 사업으로서의 산림휴양산업 정착

환경보전과 효율적인 산림자원 이용을 위한 지속가능한 산림경영 전략개발, 산림의 합리적 보전과 이용을 위한 산림기능평가 등 산림관리체계 확립, 산림의 휴양 · 풍치 기능의 해결 및 공익기능 평가, 생태관광, 산촌과 산림소득원 개발을 통한 산촌지역 활성화 및 산촌주민의 사회 · 경제적 지위향상 등에 관한 연구를 중점적으로 추진하고 있다.

<그림3-18> 산촌종합개발 마을 전경

<그림3-19> 도시림내 삼림욕장

<그림3-20> 순수 국산 목재로 건축한 최초의 천태산 휴양관

'산림전문가' 2010년 최고 유망직종?

국내, 정보관리사 등 과학기술분야 으뜸

호주에선 '산림전문가 · 농업연구원' 꼽혀

<그림3-21> 산림전문가가 최고 유망 직종인 호주의 경우

제4절 21세기형 목재 추출물 산업

목재성분의 2~3% 정도에 불과한 추출성분(Extractives)은 화학적으로 매우 복잡하며, 다양한 성분을 지닌 물질로서, 오늘날 대기오염을 비롯한 각종 환경오염으로 인해 석유나 석탄 등을 원료로 하는 석유화학제품에 대한 부정적 현실에서, biochemicals로서 인간에게 매우 매력적인 화학공업의 원료로 각광 받기 시작하는 물질이다.

이 성분의 최신 용도로서 생리활성 기능으로서의 화장품의 원료, 역시 생리활성 기능으로서의 의약품의 원료 그리고 최근 항암 효과가 입증된 목재추출 성분 등이 21세기가 추구하는 목재가공의 원료가 될 수 있음을 증명하고 있다.

추출성분(extractives)은 세포벽에서 유리한 저분자 물질군으로 유기용매 또는 물에 가용이며, 목부에 대하여 1내지 수%, 극히 드물게 10%를 넘는 것도 있다. 성분의 종류는 이소프레노이드, 페놀지방산, 글리세리드, 배당체 등 광범위하며 수종에 따라 크게 차이가 있는 것이 많고 특정 수종에 특정 성분이 존재하는 경우가 많다.

추출성분은 잠재적 유용성을 가지고 있지만 단리單離 생산에는 기술적, 경제적 어려움이 있어 실용화에는 여전히 많은 여지를 남기고 있다. 그러나 역사적으로 보아 수목, 수피, 종자, 잎, 뿌리 등으로부터 채취되는 특수임산물(silvichemicals)에는 추출성분과 유사한 화합물이 많으며, 예부터 인류생활과 밀접한 관계를 가져 널리 이용되어 왔으나 석유화학공업의 발달과 함께 쇠퇴하였다.

그러나 화석자원의 유한성이 대두되면서 Calvin(1974)교수의 식물의 기능을 재음미하는 제안 이후, 성장속도가 빠른 목재에서 알콜을 생산하여, 'Gashol'의 이용, 유분이 많은 목본을 'gasolin tree'라 명명하는 등 구체적인 제안도 있다. 전자는 브라질과 인도에서 실용화되었으며 후자의 성공은 재생산 가능한 자원으로서 재평가가 높아지고 있다.

(1) 탄닌류(tannins)

<그림3-22>는 탄닌류(tannins)의 기본 골격구조들이다.수용성의 polyphenol성 물질로서 gallic acid를 비롯한 ellagic acid등의 다양한 수용성 polyphenol계열의 물질을 함유한다.

1

2

3

4

5

6

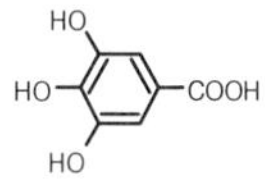

<그림3-22> gallic acid의 골격구조를 지니는 탄닌류의 화학적 구조

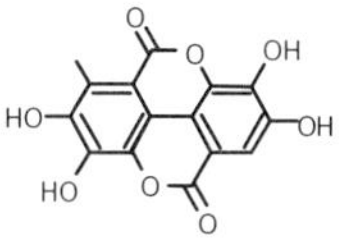

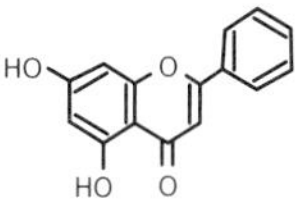

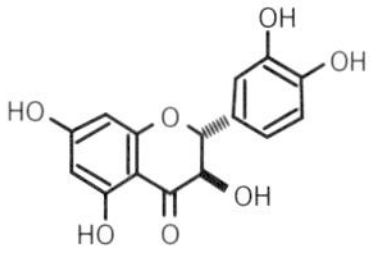

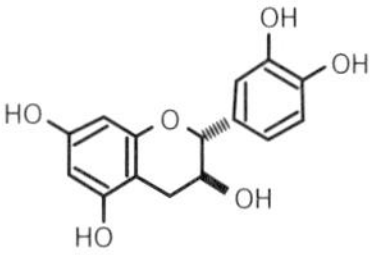

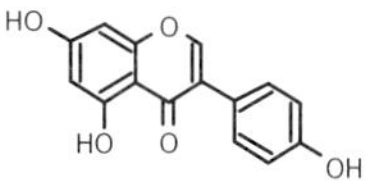

이 탄닌류를 목재추출물 산업에서는 피혁의 무두질, 염색의 원료등 상당히 다양한 공업원료로 사용하였으나 최근에는 오동나무등에서 추출되는 탄닌 성분은 의약의 항암제 원료로 사용하는 연구가 많이 개발되었다.

탄닌(tannin)은 가수분해형과 축합형으로 분류되며, 아카시아속의 수피에 다량(40~50%)함유되어 있다. 용도로서는 유피제, 접착제, 응집제, 도료 등으로 사용되고 있으며 공업원료로도 기대된다.

(2) 리그난류(lignans)

1

2

3

4

5

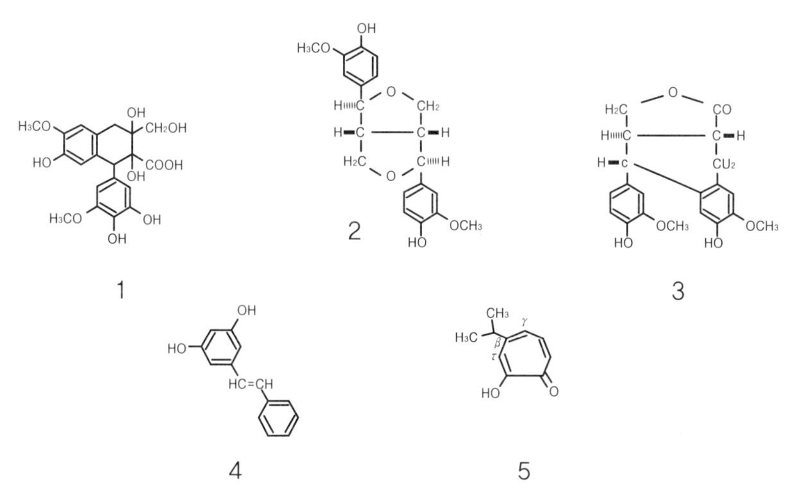

<그림3-23> 페놀성 화합물의 골격구조를 지니는 리그닌의 화학구조

이 물질은 과거에는 살충제, 살균제 등으로 사용하였으나 최근 화장품의 미백 효과를 증대시키는 항산화제의 기능을 지니는 기능성 화장품의 원료로 개발하여 많은 주목을 받고 있는 물질이다.

라텍스(latex)는 고무 유액으로 천연탄성고무(natural rubber)로서 제품화되어 있다.

올레오레진(oleoresin)은 발삼이라고도 불려지며 의약품, 향료의 원료, 접착제등으로 사용되고, 소나무속에서 얻어진 pine gum은 터펜타인 및 로진의 원료로 사용되고 있다.

(3) 수지류(resins)

소나무의 송진과 같은 물성의 물질로 상당히 복잡한 화학구조를 지니는 물질로 천이나 종이등의 제조에 있어 방수제의 역할, 그리고 페인트등의 도료공업에 있어 천연 광택제로 사용되고 있는 물질이다.

(4) 테르펜과 테르페노이드류(terpenes and terpenoids)

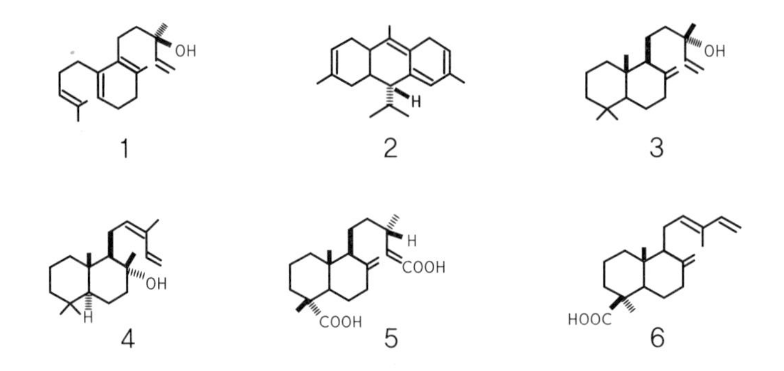

<그림3-24> **테르펜류의 화학적 골격구조**

위 그림에서 보듯이 매우 복잡한 화학구조를 지니고 있는 이 추출성분은 복잡한 기본 성분물질에 대한 충분한 연구개발이 아직 완성되지 못한 상태이며, 이 물질 역시 21세기의 자연과학 또는 목재과학이 풀어야 할 숙제라고 본다. 대단히 복잡할 뿐 아니라, 고분자성이 워낙 큰 물질이기 때문에, 그 과학적 응용성이 그 만큼 크고 많다는 의미로도 해석할 수 있어 주목하여야 할 목재 추출성분이다.

(5) 플라보노이드류(flavonoids)

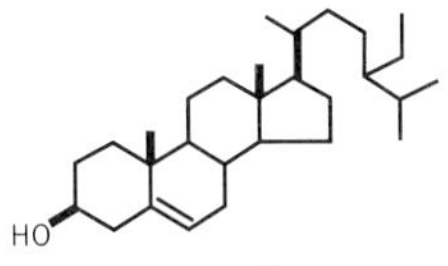

<그림3-25> 여러종류의 페놀성 화합물로 구성된 플라보노이드의 화학적 구조

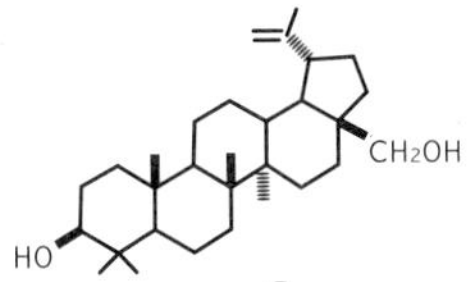

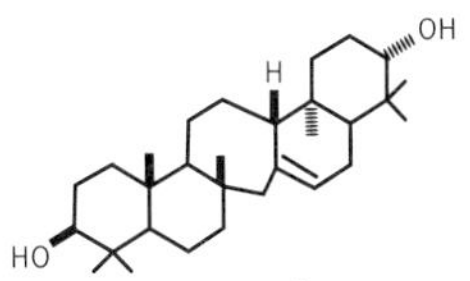

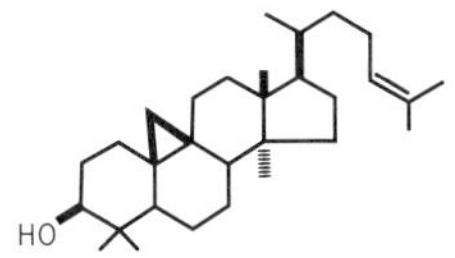

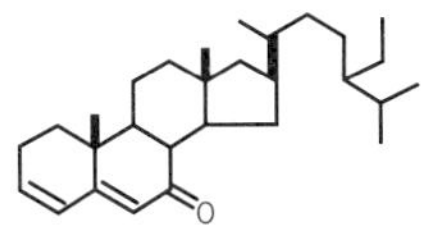

목재의 추출성분 가운데 플라보노이드류는 비교적 정리되고 간결한 화학구조를 지니는 물질로서 동맥경화 치료제, 미세혈관 치료제 등으로 제약회사에서 이미 사용하고 있는 물질이다.

(6) 터펜타인(turpentine)

터펜타인은 소나무속에서 얻어지는 휘발성 정유精油로서 테르펜유라 불려지며, 대부분은 크라프트 제조공정의 부산물로 얻어지나 소나무칩 또는 뿌리나 가지를 파쇄하여 용제추출 후 수증기 증류에 의하여서도 얻어지며, 전자에서 생산된 것을 설파이트터펜타인, 후자를 목재터펜타인으로 구별한다.

터펜타인은 α-피넨(pinene)을 주성분으로 하는 수종의 모노테르펜 탄화수소이며, β-피넨, 캄펜, 카렌, 리모넨등도 포함하고 있고 도료의 용제, 또는 산처리하여 α-테르피네올을 주성분으로 하는 합성피네올을 제조하여 선광제, 직물처리제, 용제, 방향제, 방부제 등으로 사용되며, 켄톨, 장뇌 및 각종 향료합성의 원료로 쓰인다.

(7) 톨유(tall oil)

소나무속의 크라프트 폐액 중 수지산과 지방산의 나트륨염이 함유되어 있으며, 이 폐액을 고형분농도 25%정도 농축 후 정치하면 표면에 이들 물질이 부상한다. 이것을 산으로 처리하면 톨유가 1~4% 수율로 얻어진다.

톨유의 조성은 수지산 40~60%, 지방산 40~45%, 중성성분 5~10% 정도로 원료에 따라 큰 차이가 있으며, 도료의 원료로도 사용되고 있다.

분류分溜하여 높은 순도의 제품은 여러 화학공업의 원료로 용도가 확대되고 있으며, 잔사는 연료로 쓰였으나 고급 알콜의 에스텔을 함유하고 있으므로 용도개발이 검토되고 있다.

톨유의 감압분류로 얻어진 로진(rosin)은 기본적으로 디테르펜에 속하는 수지성분과 수%의 중성성분으로 이루어져 있으며, 중성성분은 디테르펜유도체, 스틸벤스테롤, 지방족알콜, 지방족탄화수소 등이 들어 있다.

로진 중의 수지산은 아비에틱산형과 피마릭산형으로 대별되며, 전자가 후자보다 불안정하여 산화반응을 받기 쉽다. 용도는 유기약품 합성의 원료, 제지용 사이즈제, 유화제, 접착제, 도료 등이다.

톨유의 분류分溜로 회수되는 지방산의 주성분은 C_{18}의 불포화산인 유산 및 리놀산으로서 도료, 유기약품 합성의 원료로 사용되고 있다.

(8) 21세기世紀와 목재추출물木材抽出物

지금까지 언급한 바와 같이 목재 추출성분은 워낙 복잡, 다양하여 아직까지 그 구조가 명확하게 구명되지 않은 수종이 많다는 사실이다. 이미 밝혀진 목재 추출성분의 추출물을 이용하여 화장품의 미백효과를 증대시키는 기능성 물질, 동맥경화나 혈관 치료제로서 사용되는 의약품 첨가제, 항암 효과를 증명하는 각종 연구발표 등을 통해, 21세기가 안고 있는 에이즈를 비롯한 각종 질병, 그리고 여러 종류의 cancer등의 치료제 또는 예방제로서의 역할을 목재추출성분이 할 수 있음을 보여주어 목재 추출성분이 21세기의 난치병으로 알려진 질병들을 치료하는 치료제의 원료가 될수 있는 성분을 함유하고 있는 연구결과가 하나하나 밝혀져가고 있다.

제5절 21세기형 리그닌(Lignin) 이용산업

5.1 크라프트폐액廢液리그닌의 응용

목재자원의 2차산업에서 언급한 바와 같이 목재의 성분 가운데 거의 두번째 많은 성분인 리그닌의 산업적 이용은 지금까지 그렇게 활발하지는 못하였다. 그 이유는 아래 <그림3-26>에서 보는 바 리그닌의 화학구조는 일종의 골격구조이지 완전한 리그닌의 화학구조는 아니다. 그 이유는 첫째 목재의 수종마다 리그닌의 화학구조는 약간씩 달라지며, 같은 수종이라도 나무의 나이에 따라, 부위에 따라 그리고 지역에 따라 약간씩 화학적 구조가 달라지는 특징으로 인해 목재화학적 측면에서 리그닌의 산업적 이용에는 어려움과 한계가 있어왔다.

이러한 어려움 가운데 지금까지 리그닌의 화학공업적 이용에는, 합성수지 접착제, 시멘트 경화제, 도료 및 페인트의 원료, 농약, 살충제 및 살균제의 원료, 향료의 원료, 합성수지의 원료등 여러 종류의 화학공업의 원료로 사용하여 왔으며 현재도 사용하고 있는 실정이다.

21세기와 목재의 이용 또는 목재화학의 발달은 이미 각종 산업의 발달과 그 결과 이 지구촌의 여러 공해문제는 다시 한 번 21세기와 산림자원 또는 목재자원, 21세기와 목재의 이용 나아가 목재화학의 사명감을 더 한층 깨닫게 한다.

리그닌은 결정구조가 아니므로 화학적 처리 또는 단리하는 방법에 따라 얻어지는 리그닌의 구조는 현저하게 달라진다.

목재를 가수분해하여 얻어지는 잔사리그닌은 목재 중에 리그닌이 얼마나 함유하고 있는지를 알아보기 위한 수단으로 활용하고 있으며, 리그닌을 이용하기 위한 방법으로는 사용하고 있지는 않다. 그 이유는 목재의 70~80%를 차지하고 있는 섬유소를 분해하고 잔사 리그닌을 이용하는 것은 아직까지는 경제성이 없기 때문이다.

그러므로 종이의 원료인 펄프 즉 섬유소(셀룰로오스)를 제조하는 과정에서 부산물로 얻어지고 있는 리그닌을 이용하고 있다. 그 때문에 현재까지 리그닌 이용은 매우 제한적이고 국한되어 있다.

상업적으로 이용되고 있는 것은 아황산펄프를 생산할 때 얻어지는 리그로설포네이트를 콘크리트 혼화제등의 분산제로 사용하고 있으며, 크라프트 펄프를 생산할 때 얻어지는 티오리그닌은 증해 약품을 회수하면서 동시에 에너지원으로 이용하고 있다.

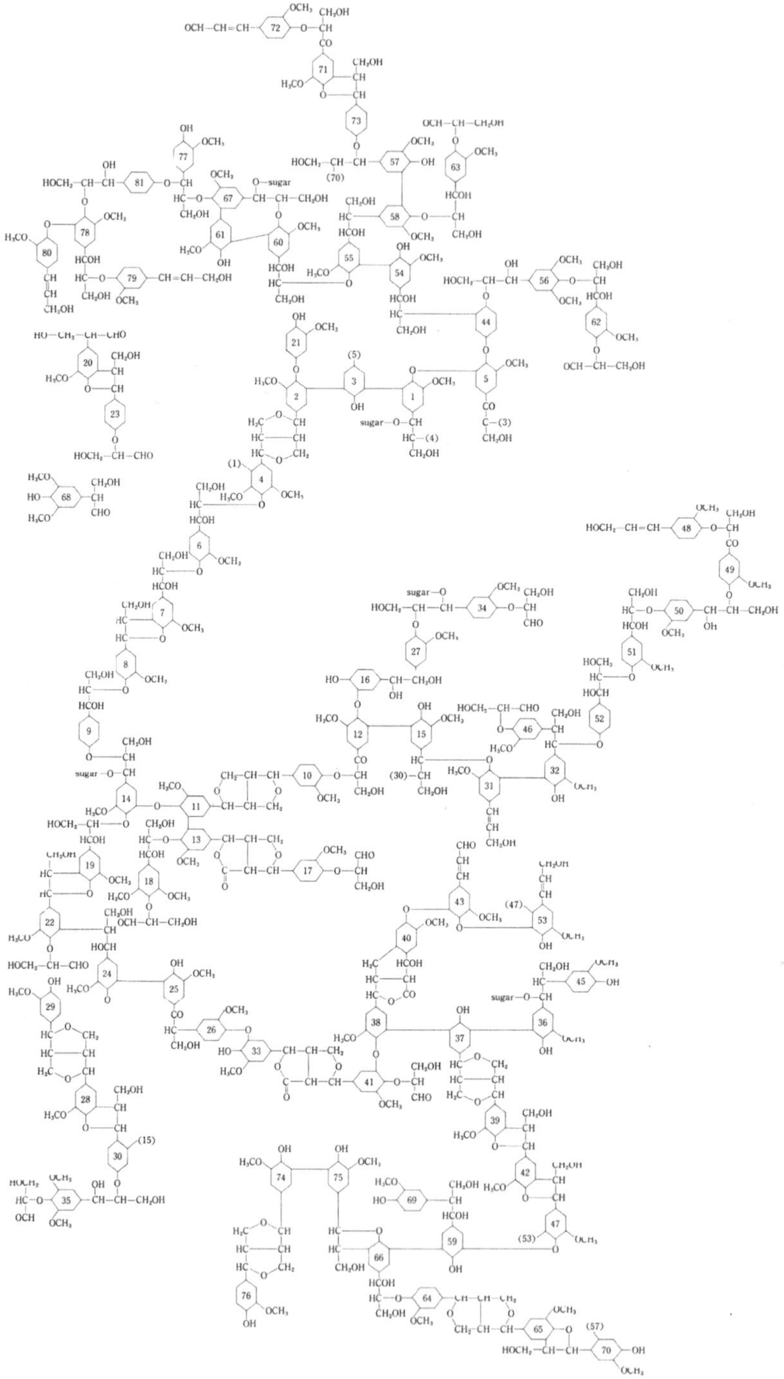

<그림3-26> 페닐프로판의 골격구조를 지니는 리그닌의 高分子的 분자단위

(1) 화학공업용 리그닌 제품

리그닌의 공업적 이용의 대상으로 되어 있는 것은 펄프폐액 리그닌 중에서도 아황산펄프화법으로 얻어지는 리그닌설폰산만이 이용대상이 되고 있다. 그 이유는 크라프트 폐약리그닌이나 목재 가수분해 잔사리그닌은 이들 화학반응 중 리그닌 스스로의 축합반응을 포함한, 리그닌과 다른 화합물과의 복잡한 축합반응으로 인해 이미 상당한 고분자화高分子化된 리그닌으로 되어 여러 화학공업의 원료로 사용하기에는 많은 어려움과 부적합함이 나타나 있다.

리그닌설폰산은 소수성의 페닐프로판 골격에 친수성의 설폰기를 갖는 계면활성적인 성질을 가진 구조로 분자량이 수천~수만의 고분자 전해질이다. 그 때문에 시멘트 분산제, 요업점결제 등으로 사용되고 있다.

리그닌 제품의 세계 전체 생산량은 대략 130만톤으로 추정되고 있고, 그 중 55만 톤은 미국에서 생산되고 있다. 일본의 생산량은 약 10만톤으로 그 대부분은 리그닌설폰산이다. 일본에서 리그닌제품의 약 50%는 시멘트 분산제(콘크리트감수제), 약 10%는 염료, 도자기제조 원료, 농약, 카본블랙 등의 분산제로써 이용되고 있다.

크라프트리그닌(티오 리그닌)은 크라프트 증해(KP법) 폐액에서 pH9까지 중화시켜 리그닌의 중요부분을 나트륨 염으로 하여 침전 후 가열 응집시켜 분리 후 황산으로 pH3까지 산성으로 하여 단리하는 것이 일반적이며, 이의 응용도 많이 제안되어 있다.

단리單離한 크라프트리그닌은 열안정성이 높고, 고열량, 무독성으로 페놀성 구조를 가진 거대분자이기 때문에 산화환원성을 가진다. 수산기(지방성 및 페놀성 수산기), 그 외의 관능기를 가지므로 반응성이 높고 화학반응에 의한 이용이 쉬워 각종 용매에 대한 용해성, 유리전이점遊離轉移点, 기계적 성질, 콜로이드적 성질, 표면활성 등을 변화시킬 수가 있다.

<표3-1>에 크라프트 증해공정에서 얻어지는 부생성물을 표시하였으며, 카테콜류는 포름알데히드와 반응시켜 접착제, 환원시켜 1,2-사이크로헥산디올로하여 아디피산으로 산화하여 합성원료로서 이용되고 있다.

<표3-1> 크라프트 증해공정에서 얻어지는 부산물

비 처 리	kg/ton펄프	Na_2S 처리후(250~285℃)	kg/ton펄프
톨유(4550), 텔레핀튜(15.9)	61.3	초산(54.5), 개미산(54.4)	108.8
초산(36.3), 개미산(36.3)	72.6	메틸설피트(36.3), 메틸멜카프탄(9.3)	73.6
메탄올	4.5	괴로카테콜(27.2), 메틸카테롤(10),	45.5
바닐린(1.8), 아세토구아야콘(1.4)	3.2	메틸카데콜(8.2)	
구아야콜(1.8), 기타 피로카데할(0.4)	2.7	호모프로토카텍산, 프로토카텍산,	136.1
바닐린산(1.8), 호모바닐린산,	37.6	페놀카르본산	
1-구아야실프로파온산,		에테르가용페놀	136.1
p-하이드록시안식향산, 기타페놀		탄수화물 유래의 에테르기용산	136.1
카르본산	40.8	노보락성 탈메탈화리그닌	90.7
불휘발성분, 에테르가용산 젓산	131.5	부탄용 가용성 락톤	31.8
	합계 354.2	에테르가용부(606.1), 기타(122.5)	합계 758.6

(2) 탄화수소계炭化水素系 제품

최근 미국의 Hydrocarbon Research Institute(HRI)는 크라프트리그닌을 원료로 하여 Fe-Al_2O_3계촉매를 사용, 69기압, 440℃에서 수분분해반응을 행하여 <표3-2>에 표시한 것과 같이 비점 260℃ 이하의 페놀류 수율이 46.2%라는 우수한 결과를 얻었으며, 이 방법을 리그놀 프로세스라 칭하였다.

페놀류의 높은 수율은 불등상이라는 특수장치의 사용으로 촉매와 리그닌간의 접촉이 좁고 생성된 monophenol류가 즉시 반응계 밖으로 이동함을 이용한 방법이었다.

<표3-2> Lignol프로세스에 의한 크라프트리그닌으로부터의 생성물 수율

성 분		수율(w% /g 리그닌)
탄화수소류	CO	3.9
	CO_2	1.8
	CH_4	6.6
	C_2H_4	1.9
	C_3H_5	7.3
	C_4H_{10}	1.0
	C_5H_{10}	0.7
	C_3H_{12}	1.0
	소계(%)	24.2
비탄화수소류	H_2O	17.2
	monophenol류(150~240℃)	37.5
	biphenol류(240~260℃)	8.7
	polyphenol류(260℃이상)	2.4
	소계(%)	65.8
합 계(%)		90.0
수소소비량(w%)		5.73

석유화학에서 행해지고 있는 톨류엔의 탈脫알킬반응에 의한 벤젠 생산프로세스를 변형하여 크라프트리그닌에 적용시켜 모노페놀류의 hydrodealkylation반응을 행하였는데, 촉매계가 반응온도를 낮게 하고 반응시간을 연장함으로써 이 방법으로 크라프트리그닌에서 페놀 20%, 벤젠 14%, 연료유13%, 연료가스 29%의 수율을 얻었으며, 일일 생산량 485톤 규모의 장치라면 페놀 합성보다 유리한 것으로 평가되고 있다.

<그림3-27>에 상기 공정을 간단히 표시하였다.

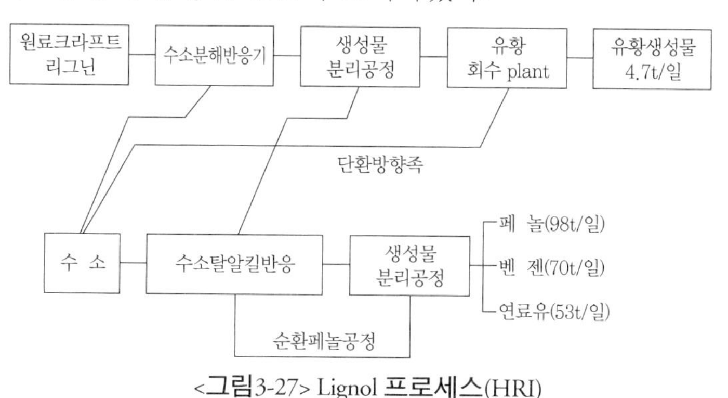

<그림3-27> Lignol 프로세스(HRI)

<표3-3> 리그닌 제품의 용도(*)

용 도	리그닌 종류	효 과
토질 안정제	SP폐액	비포장도로의 방진, 동결방지
시멘트 분산제	LSA	감수, 응결방지 효과
조니제	CL, FCL	흙탕물의 유동성 부여, 겔루스트렌구스의 강화
요업제품 첨가물	LDA	감수, 증장, 귀열, 파손방지
주물공업	SP폐액, LSA	주물 결함방지 효과
광업	SP폐액	철, 아연등 채광석의 팰렛트, 브리켓트 제조용 점결제
금속 코팅	LSA	스켈및 부식방지
연탄, 성형탄	LSA	점결제, 조연제 용도
염료, 안료, 도료, 잉크 첨가제	LSA, TL	분산성, 균염성 효과

* 주) SP폐액 :설파이트펄프폐액, LSA : 리그닌슬폰산, CL : 크롬리그닌, FCL : 페로크롬리그닌, TL : 티오리그닌

① 리그닌 화학제품

현재 리그닌만을 목재로부터 분리하여 화학공업의 원료로 사용하는 목재처리 공업은 없고 대부분 화학펄프제조폐액 중의 리그닌이 대상이 되고 있다.

목재의 화학펄프화는 탈리그닌 공정이며 펄프화에서는 리그닌이 장해물질이다. 전 세계에서 배출되는 폐액리그닌량은 연간 약 6000만 톤으로 추정되지만 리그닌 제품생산은 약 130만 톤으로 미국 55만톤, 북구 3국에서 37만톤, 일본 11.6만톤 정도로 전 리그닌량에 비하면 극소량만이 이용되고 있다.

크라프트폐액의 경우 약품 및 열회수보다 높은 이용도가 없어 대부분 펄프화 공정에 포함시켜 분리이용은 극히 제한적이다. 그러나 설파이트폐액의 이용에 많은 노력을 경주하고 있지만 대량소비에 관련된 제품이 없고 일부의 이용에 그치고 있어 환경 오염의 방지로 농축하여 소각하고 있는 실정이다. 그러나 리그닌에서 얻을 수 있는 화학제품 중 공업적으로 생산되어 있는 것은 바닐린이다. 바닐린은 아황산펄프 폐액을 알칼리에 의한 공기 산화처리 하여 리그닌당 약 10%의 수율로 얻어진다. 바닐린 용도는 아이스크림 향료 외에도 항파킨슨씨병의 치료제나, 도퍼의 원료로써도 이용된다. 또한 디메틸설폭사이드는 우수한 용제이고, 향료나 의약품의 원료로서 유용하고, 크라프트펄프폐액에서 5~10%의 수량으로 공업적으로 생산되고 있다. 그 외에는 수소화 분해에 의한 단환單環 페놀류를 얻을 수 있지만, 그 공업화는 석유화학공업과의 경합, 자원문제등의 사회적, 경제적 배경에 의존한다.

② 리그닌 탄소섬유

최근, 리그닌을 원료로한 탄소섬유가 개발되었다. 이것은 활엽수재를 고온, 고압의 포화수증기로 증해, 폭쇄처리하여 분리되는 리그닌을 대상으로 개발된 것으로 현재는 범용급의 탄소섬유이지만 금후의 개발이 기대되고 있다.

<표3-4> 리그닌 탄소섬유의 특성

섬유폭	7.2±2.7μ
인장강도	67.5±23.7kg/mm²
탄성률	4.15±0.64ton/mm²
신장도	1.63±0.19%

5.2 아황산 폐액리그닌의 응용

(1) 리그노설폰산의 이용

아황산 펄프폐액 중의 리그닌을 리그노설폰산으로 조제하여, 고분자 전해질의 특징을 이용한 분산제, 중금속과 결합하여 킬레이트성, 농축폐액의 점결성등을 활용한 분야에 많이 이용되고 있다.

설파이트리그닌의 중요한 용도는 석유용 이수 조정제, 도로용 점결제로 약 70%정도 이용되고 있으며, 새로운 이용 용도로서 가축사료에 첨가하는 첨가제로 수요량도 증가하고 있다.

① 리그노설폰산의 이용

리그노설폰산의 최대의 이용은 바닐린 생산이며, 그 외에도 토질안정제, 시멘트 분쇄조제, 콘크리트 감수제, 이수조정제, 요업관계의 점결제, 분산제, 치금 및 금속공업, 비료용 바인더, 비료토양개량제, 농약 바인더, 폭약 및 소화제용 첨가제, 전기관계 제품용 첨가제, 염료, 안료, 도료 및 잉크용 첨가제, 피혁용 유제, 고무용 첨가제, 공해방지용 처리제 등 많은 분야에 이용되고 있다.

Fine chemical로서의 리그닌 이용의 중심은 바닐린 제조이다. 바닐린은 lignochemicals의 일종이며, 세계 바닐린 총 생산량은 53000톤 정도이다. 바닐린은 향료 이외에 의약품의 원료로 사용되고 있지만 그 양은 적다.

리그닌을 분해시켜 유용한 화학물질은 얻기 위한 시도는 많이 되었지만 분해생성물의 종류가 많고 각 성분의 단리에 어려움이 있다.

수소화 분해에 의한 페놀류 제조의 원료는 가수분해 리그닌이나 SP폐액 리그닌이 사용되고 있다.

② 기타 이용법

i) 시멘트 분쇄조제

습식법 시멘트 제조시 시멘트 원료의 분쇄 전에 설파이트증해 폐액을 넣어주면 원료 분쇄시의 슬러리 농도를 높여 생산성을 향상시킨다. 건식법에서도 원료 분쇄조제로서 생산성 향상, 연료및 동력비 등을 절감시킨다.

ii) 이수 조정제

석유시추시 윤활제, 냉각제 및 점도 조절제, 건축공사시 이수공법 등에 이용되며, 미국에서는 연간 5만톤, 일본에서는 500톤 전후 사용되고 있다. 시가지의 지중연속벽공법, 해양개발추진 등에 많은 이용이 기대되고 있는 분야이다.

iii) 의약품의 원료

리그노설폰산염에는 혈액응고 방지작용, 그리고 펩신 방지효과, 위액 분비작용의 원활 등 항궤양성이 있으며, 장래 혈액응고 방지제, 제산제, 항궤양제 등의 이용 가능성을 가지고 있다. 또 아스피린 등의 항염증제와 리그노설폰산을 공침시켜 위에 대한 자극을 적게 한 항염증제, 제암제로서의 효과도 알려져 있어 이 분야의 연구가 주목되고 있다.

iv) 공해방지용 처리제

어육가공 폐수와 같은 단백질 함유 폐액에 리그닌제품을 첨가하면 리그닌 - 단백질 복합체를 형성하여 침전한다. 회수 단백질을 사료로서 이용하는 가장 좋은 방법으로 리그닌은 사료첨가물로서 유효하므로 이런 용도에 가장 적합한 응집제이다.

(2) 고분자계高分子系 제품

크라프트리그닌 중에는15~20%의 메톡실기가 존재하며, 크라프트 폐액 또는 크라프트리그닌의 용액에 황화소다를 넣고 250~300℃까지 가열, 가압하면서 반응시키면, 메톡실기가 분해하여 디메틸설피드가 생성된다. 디메틸설피드를 질소산화물을 촉매로 하여 공기 또는 오존으로 산화시키면, 디메틸설폭사이드(DMSO)가 얻어진다. DMSO의 대부분은 미국 및 러시아에서 생산되며, 각종의 플라스틱 및 약품의 용제 또는 화학반응의 용매로서 방충제, 의약품에도 널리 사용되고 있다.

크라프트리그닌의 알칼리염은 계면활성이 있어 면포나 인견의 염색에 균염제로 이용되며, 특히 물에 불용인 아세테이트레이온의 염색에 뛰어난 성능을 보인다. 이 외에도 유화안정제, 침전제, 봉쇄제, 응집제등으로 널리 사용되고 있다.

크라프트리그닌은 페놀성 수산기, 알콜성 수산기, 변형 알코올, 카르보닐기등 각종의 관능기를 가진 반응성이 풍부한 고분자이기 때문에 페놀계 수지나 고무 증강제 등의 이용에 관한 연구가 많다. 크라프트리그닌을 열경화수지 등에 페놀

대신 그대로 사용하는 방법은 수지점도 증대나 경화속도에 대한 영향으로 사용량에 제한을 받으며, 산형리그닌에서 70%, 나트륨형에서 50%, 크라프트리그닌에서 30%정도 첨가 가능하다는 보고가 있다. 그리고 리그닌과 포름알데히이드와의 반응성을 높이기 위한 과요드산산화와 아황산가스에 환원으로 좋은 결과를 얻었다.

페놀수지보다 고가인 에폭시수지에의 이용도 검토되고 있으며, 리그닌에폭시드는 대단히 우수한 접착강도를 가지는 수지이지만 유기용매에 의한 용해성이 좋지 않아 작업성에 문제가 지적되고 있다. 그러나 시판 에폭시수지와 비교하여 주형, 성형물 주입제 등의 용도에 우수한 수지이다. 리그닌을 글리콜에 용해시켜 디이시아네이트와 반응시켜 폴리우레탄폼을 합성, 카르복실화 리그닌을 통한 폴리올 제조 등이 있다.

크라프트리그닌은 천연고무나 합성고무와 자유로운 비율로 혼합되기 때문에 고무의 개량제 내지 충전제로서의 이용이 시도되고 있다. 크라프트리그닌은 각종 고무와 알칼리 수용액에서 첨가시키면 균일성이 대단히 높고, 비중이 가벼운 그리고 투명도가 높고 신장도, 인장강도, 인열강도가 큰 고무가 얻어진다. 이 외에도 항산화제, 이온교환수지에의 응용등도 시도되고 있다.

솔보리시스법으로 얻은 리그닌은 저분자화되어 부분적으로 크레졸과 결합되어 있기 때문에 포름알데히드를 가하여 페놀수지 혹은 접착제로 사용하는 것이 가장 간단한 이용법이다. 펄프제조시 생성되는 리그닌 량은 1000t/일의 규모의 플랜트에서 200~250t으로 그 양이 막대하다. 때문에 페놀수지로만으로도 대량으로 발생되는 리그닌의 전량을 자원화 하는 것이 가능하다.

미국에서는 대량으로 폐액처리되는 리그닌의 수소화분해(Hydro크레킹)도 진행되고 있다. 이 연구는 제 1단계로 수소화 분해에 의하여 Monophenol류를 생성시키고 계속하여 Hydrodealkylation에 의하여 순수 페놀과 벤젠으로 변환하는 프로세스이다. 얻어진 생성물의 조성은 페놀 20%, 벤젠 13%, 연료유 14%, 연료가스 29%이다.

솔보리시스에 의한 펄프의 제조, 반응액으로 부터의 단당류 분리, 리그닌은 수소화분해하여 페놀, 벤젠 등으로 변환하는 방식은 펄프뿐만 아니라 목재의 새로운 종합이용에 대한 공정으로서 주목할 만하다.

⑶ 특수접착제 제조

새로운 접착제를 개발하고자 하는 노력이 계속되고 있는데 천연물 또는 폐기물 등을 이용한 접착제의 개발에 초점이 맞추어져 있다. 석유와 같은 합성수지계 접착제 제조용 원료의 가격 상승과 고갈화가 이러한 노력을 더욱 부채질하고 있다.

일부 수목의 목재나 수피에 다량 함유되어 있는 탄닌이 탄닌수지의 제조에 이용되고 있는데 그 성질은 열경화성으로 석탄산수지와 유사하다. 이와같은 접착제로의 이용은 탄닌이 지니고 있는 석탄산 성분에 근거를 두게 되는데 소량의 석탄산수지, 요소수지 또는 레조시놀수지로 물리적 성질을 강화한 탄닌수지는 접착력이 강하며 수분에 대한 저항력도 지니게 되므로 합판, 집성제, 삭편판등의 제품을 제조할 때 이용되고 있다.

접착제의 또 다른 원료로는 펄프폐액을 들수가 있는데 접착제로써의 잠재력은 고함량의 리그닌에 근거를 두고 있다. 이 접착제의 성능이 양호하다는 것은 이미 실험실적으로 검증되었다. 주요한 결점으로는 합성수지계 접착제보다 긴 열압시간과 높은 열압온도가 필요하기 때문에 접착 제품의 제조단가가 높아지고 제품의 색깔이 진하고 부식의 문제가 있다는 것을 들수가 있다. 리그닌계 접착제는 석탄산수지 또는 요소수지와 조합하여 여러 물리적 성질을 개선할 수 있다.

크라프트펄프 폐액에 lignosulfate ammonium – furfural – alcohol – maleic acid등의 혼합액과 반응시켜 접착제를 제조하려는 노력이 진행되고 있다. 이 방법은 실험실적으로 삭편판의 제조에 적용된 바 있다. 접착제를 사용하지 않고 접착을 이루고자 하는 이 방법의 가능성은 다음과 같이 설명할 수가 있다. 즉 목재성분의 산화로 인해 셀룰로오스와 리그닌에 유기산의 기基들이 형성되고 산화된 재면 사이에서 다른 화학약품들이 화학적인 접착을 유도함으로써 접착이 가능해 진다는 것이다. 그러나 이 방법은 화학약품의 가격과 사용시의 위험성, 간극 충전성의 결여 및 사례마다 다르게 나타나는 효능성 등과 같은 여러 이유로 인해 실용성과는 거리가 아직도 먼 상태에 있다.

⑷ 생분해성生分解性 나일론 합성

석유화학품의 대체재로서 목재 및 제지공정에서 대략 폐기되고 있는 리그닌을 출발원료로 한 새로운 폴리아미드(나일론) 제조 공정이 주목받고 있다. 이 연구는 코스모종합연구소(코스모석유의 전액출자 자회사)의 동경농공대학의 공동

연구 그룹에 의해 행해진 것이다. 지금까지 리그닌의 유도체인 바닐린으로부터 바닐린산, 프로토카테규산을 경유하여 나일론의 중간체인 2-피론-4,6-디카본산(PDC) 으로 변환할 수 있는 3단계의 고수율 미생물반응이 개발되었다.

또한 천연리그닌에서 PDC로의 직접 미생물 변환을 목표로 한 개발을 노리고 있으며, 바닐린구조가 2분자 결합한 천연리그닌에 가까운 화합물을 직접 PDC로 변환하는 새로운 미생물을 발견하는 성과를 올렸다. 바이오프로세스로 생성한 PDC를 출발원료로 산크로리드화합물과 핵사메틸렌디아민(HMDA)과의 계면. 용액중축합을 행하는 나일론의 합성에 성공하였다. 현재 물질평가를 점검하고 있으나 석유화학에서 유래한 나일론에는 존재하지 않는 생분해 특성이 발견되는 등 환경특성 면에서도 우수한 성질을 나타내는 새로운 나일론의 개발이 기대되고 있다.

코스모종합연구소와 동경농공대학공학부의 중원重原교수, 동대학원 생물시스템 응용과학연구실의 편산片山교수등은 리그닌으로부터 나일론을 합성하는 공동연구를 진행하고 있다. 일반적인 나일론은 카프로락탐 및 핵사메틸렌디아민과 아지핀산, 아미노도데칸산의 축중합 등의 석유화학 공정을 거쳐, 섬유원료 및 플라스틱으로서의 이용을 검토하고 있다.

이에 대하여 동 연구그룹은 석유화학원료를 사용하지 않고 대량으로 폐기되고 있는 목재 및 제지파폐물의 리그닌을 원료로 한 나일론 개발을 진행해 왔다. 연구개발은 편산片山교수가 리그닌 분해균의 유전자해석, 미생물의 육종을 행하고 중원重原교수가 PDC의 물성해석, PDC로부터의 나일론의 합성, 물성평가를 담당하고, 코스모종합연구소는 PDC제조 공정의 개발을 진행해 왔다. 코스모연구그룹의 리그닌의 공업적 이용에 관해 바닐린을 출발원료로 바이오 프로세스를 조합하고 PDC를 만드는 3단계의 공정개발에 성공하였다.

최초의 단계에서는 먼저 바닐린을 미생물반응에 의해 바닐린산으로 변환시킨다. 이어서 제 2단계에서 바닐린산을 미생물로 프로토카테큐산으로 변환시키고, 여기에 프로토카테큐산을 미생물 반응으로 PDC로 변환하는 공정으로 구성되어 있다. 동그룹은 이들 3단계의 미생물반응의 효율화를 도모하기 위하여 미생물의 변이주를 만들었으며 모두 90~95%의 고수율화를 달성했다고 한다. 더욱이 천연리그닌으로부터 PDC로의 직접변환을 목표로 하여 바닐린 구조가 2분자 결합한 천연리그닌에 보다 가까운 화합물을 PDC로 변환하는 새로운 미생물을 발견하고 있어서, 다양한 리그닌의 원료화를 진행하고 있다.

바이오프로세스로 만들어진 PDC를 산크로라이드 화합물과 HMDA와 계면 및 용액 중축합을 행하여 나일론을 합성하였다. 이렇게하여 합성한 나일론은 현재, 물성해석 및 평가를 행하고 있으나, 석유화학 경유의 제품에 비하여 생분해성을 나타낼 것으로 예상하고 있다. 특히, 토양 및 오수 등에서 분해가 진행될 것으로 보고 있어, 지금까지의 나일론에는 없는 환경조화 특성이 예상되고 있다. 폴리에스터에서는 미생물 및 식물을 경유한 생분해성을 나타내는 것이 재료개발이 눈에 띄고 있다. 그러나 바이오매스를 출발원료로 한 나일론은 거의 연구가 되어 있지 않은 분야로 실용화가 주목되고 있다.

(5) 항암제 개발

무나 당근, 우엉 등의 근채류에도 리그닌이라고 하는 성분이 들어있다.

리그닌은 본래 목재나 야채의 세포와 세포를 잇는 역할을 하는 물질로 근채류가 썰어졌을 때 생긴 손상과 그 위에 미생물에 의해 생기는 2차적 손상을 막기 위해 스며 나오는 끈끈한 액체 성분을 말한다.

이 리그닌이 암세포의 증식을 현저히 억제한다는 것이 최근 밝혀져 관심을 끌고 있다.

연구에 의하면 리그닌에는 암세포의 유전자인 DNA를 절단하는 능력이 있다고 한다. 그 때문에 암세포가 죽어 버리는 것이다. 또한 리그닌은 면역시시템을 부활하는 기능도 가지고 있다.

즉 매크로파아지를 활성화함으로써 항제의 생성을 촉진하는 것이다.

매일의 식사에 리그닌이 많이 함유된 무나 당근, 우엉을 먹음으로써 암을 예방하고 치료에 도움을 줄 수 있다.

카카오에 들어있는 리그닌이라는 식물섬유는 콜레스테롤 농도의 상승이나 혈압의 상승을 억제하여 장내 소화운동을 도와주며, 담즙산과 발암물질의 흡수가 기대되는 뛰어난 식물섬유로, 다른 식품에는 거의 포함되어 있지 않다.

밀크초코 50g에는 약 2g정도 함유되어 있다.

제6절 목재자원의 유전자 변형산업

목재자원과 관련된 21세기의 산업 가운데 역시 빼놓을 수 없는 사업이 목재 또는 삼림의 유전자 변형 산업이다.

본서의 서론 부분에서 이미 언급한 바와 같이, 현재 산림자원의 수요증가 그러나 공급감소 현상으로 인해, 현재 남미지역 브라질, 아르헨티나 등에서 나타나는 오존층의 파괴는 이 지구촌의 대기권에 큰 변화를 가져와 지구촌의 온난화 현상, 대기오염, 각종 피부암 발생들의 문제를 야기시키고 있는 실정이다.

결국 산림자원의 수요증가를 충족시킬 수 있는 방법은 단시간내 임목 축적을 현격히 증가시킬 수 있는 임목육종에 필요한 유전자 개발, 임목 육종에 필요한 생명공학의 발달을 절실히 요구하는 시대가 도래해 있다. 여기서 우리나라 국립산림과학 연구원에서 21세기형 기술개발 연구로서 산림생산성 향상과 산지의 자원화 촉진을 위한 주요 용재수종과 속성수 우량품종 육성, 외국유망수종 육성, 병충해 및 환경오염에 강한 저항성 품종육성, 종자 국가 관리체계 구축을 위한 다양한 산림수종의 생산 · 공급 체계 확립연구를 수행하고 있다.

<그림3-28> 다수확 품종개발

<그림3-29> 속성수 및 내병충 연구

<그림3-28>, <그림3-29>, <그림3-30>, <그림3-31> 그리고 <그림3-32>가 우리나라 국립산림과학연구원이 시도하고 있는 목재자원의 유전자 변형사업의 모습이다.

<그림3-30> 신품종 육성

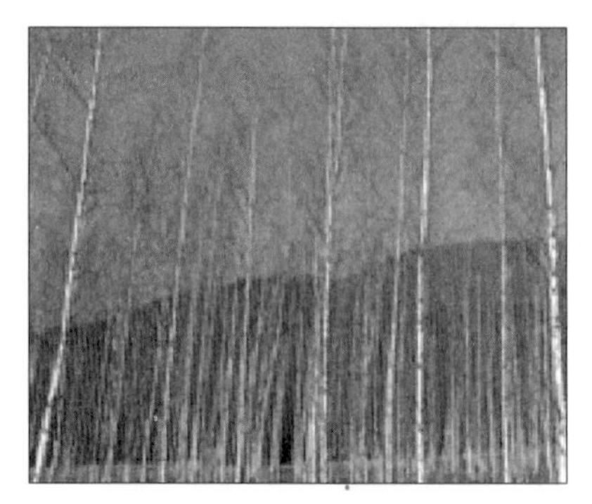

<그림3-31> 외래수종 산지시험

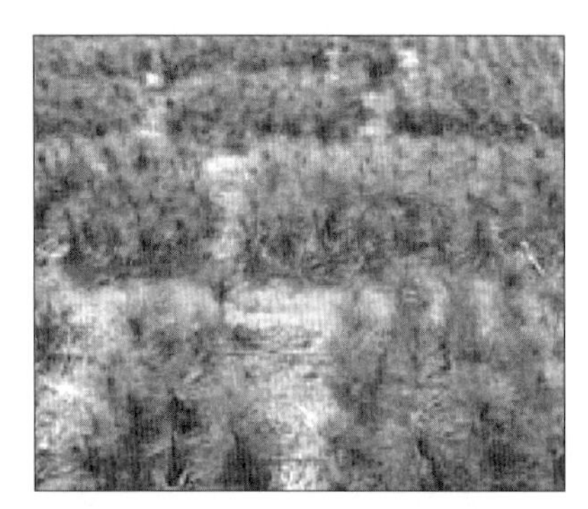

<그림3-32> 인공교배 차대검정

한편 <그림3-33>, <그림3-34> 및 <그림3-35> 역시 우리나라 국립산림과학 연구원에서 주요 향토수종을 대상으로 유전적 다양성을 조사·평가하여 효과적인 보존방안을 마련하고 체계적인 관리기술을 통하여 유전자원이 안정적으로 유지될 수 있도록 연구하고 있는 모습이다. 각종 유전정보를 신속하고 정확하게 이용할 수 있는 DNA 표지자를 개발하고, 수종이나 품종 식별용 표지유전자 개발 및 유전자지도 작성 등을 통하여 유용 유전형질의 선발과 임목육종분야에 분자유전학적 연구를 접목하는데 주력하고 있다.

<그림3-33> 희귀유전자원의 수집

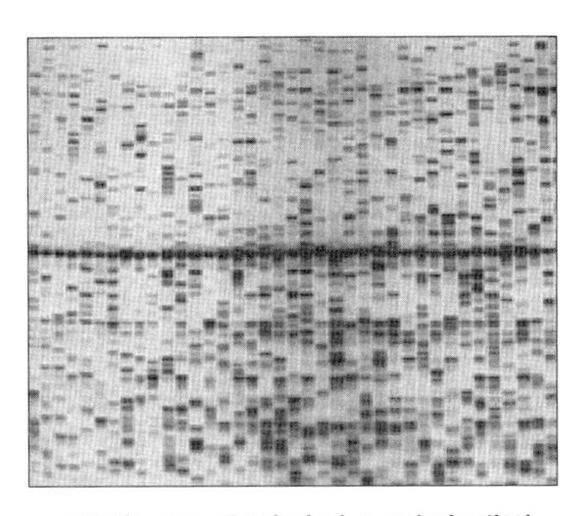

<그림3-34> 유전변이 표지자 개발

이 산림과학원이 역시 생물공학의 전통적인 기법인 조직배양, 세포배양, T-DNA 벡터를 이용한 형질전환 방법을 대형 생물반응기, 유전자 총 등으로 확장하여 적용하고 있다. 이러한 첨단기법을 이용하여 소나무, 자작나무, 낙엽송 등 주요경제수종 뿐 만 아니라 히어리, 가침박달, 미선나무 등의 희귀멸종위기 수종, 두릅나무, 음나무 등의 농촌 단기소득 수종의 대량증식방법을 개발하고 있으며 아직도 미지의 물질로 남아있는 대다수의 산림자원 식물의 추출물을 탐색, 규명하여 기능별로 분류작업을 하고 있다.

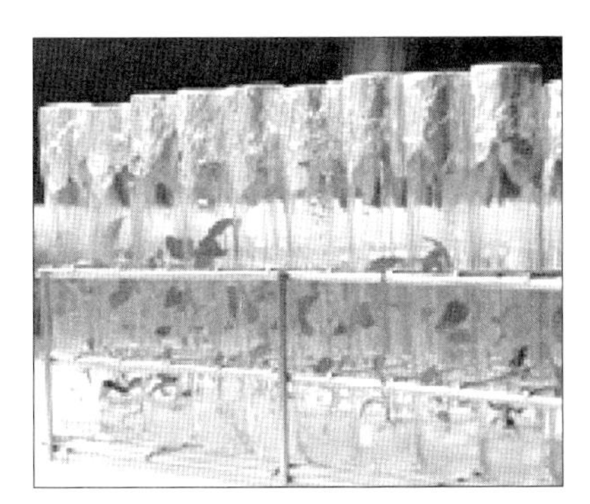

<그림3-35> 형질전환된 식물체 개발

이것 역시 21세기가 책임지고 수행해야 할 목재자원, 산림자원의 확보 대책이다. 이러한 대책이 성공할 때 현재 이 지구가 안고 있는 오존층의 파괴현상, 지구온난화 현상 등이 치유되리라 본다.

제7절 목질자원木質資源 (Lignocellulosic Biomass Resources) 의 석유 대체자원 산업

21세기 인류의 물질적 삶의 가장 중요한 부분을 차지하며 또한 가장 중요하며 시급하게 해결해야 할지도 모르는 과제로서 이 목질 자원의 석유 대체 자원화 산업이 선진국은 물론 우리나라에서도 등장하게 되었다. 서론 부분에서 밝혔듯이 석유 및 석탄 자원의 한계성이 이미 나타나고 있는 실정으로 최근의 미국과 석유 왕국 이라크의 전쟁에서도 그 배경은 이라크내의 석유 자원의 주도권 싸움이라는 의견이 지배적이었다. 여하튼 석유 자원의 공급은 앞으로 40~50년 이내 고갈될 것이라는 판단은 이미 많은 전문가들에 의해 공통적으로 인식된 현안으로 이 지구촌의 인간은 앞으로 40~50년 이내에 닥치게 될 이 문제를 해결하여야 된다고 본다. 왜냐하면 석탄이나 석유의 물질적 가치란 이루 헤아릴 수 없을 정도로 지대하기 때문이다.

인간이 먹는 식량을 제외하고, 사용하고 소비하는 거의 모든 물질적 삶은 바로 이 석유 자원으로부터 얻고 있음은 주지의 사실이다. 에너지 자원으로서의 석유, 화학공업, 섬유공업, 의약품 제조 원료로서의 석유, 건축자재 및 생활도구 원료로서의 석유 그야말로 헤아릴 수 없을 정도로 많은 인간의 물리적 삶의 자원으로서의 석유에 유일하게 대체될 수 있는 자원은 현재로서는 목질자원(Lignocellulosic Biomass Resources)밖에 없으며, 이 목질 자원의 석유 대체 산업화 기술은 시급히 개발되어야 하는 현실의 과제이다.

7.1 바이오매스(Biomass)에너지 변환 시스템

(1) 특징

① 장점

- 풍부한 자원과 큰 파급효과를 지닌다.
- 환경 친화적 생산시스템을 갖출 수 있다.
- 온실가스등 환경오염을 감소시킬 수 있다.
- 생성에너지의 형태가 다양하다. (연료, 전력, 천연화합물 등)

② 단점

- 광범위한 자원의 산재로 인해 수집과 수송의 불편이 따른다.
- 자원의 다양성 때문에 이용기술의 다양화와 개발의 어려움이 따른다.
- 자원의 무차별 및 무계획적 이용으로 인해 환경파괴의 위험성을 내포한다.
- 단위공정의 설비투자가 대규모로 이루어져야 한다.

(2) 분류

바이오매스(Biomass)자원의 이용과 기술의 분류는 다음과 같다.

① 분류

대 분 류	중 분 류	내 용
바이오 액체연료생산기술	연료용 바이오 에탄올 생산기술, 바이오디젤 생산기술, 바이오매스 액화기술(열적전화)	당질계, 전분질계, 목질계 바이오디젤 전환 및 엔진적용기술 바이오매스 액화, 연소, 엔진이용기술
바이오 매스가스화기술	혐기소화에 의한 메탄가스화 기술, 바이오매스가스화기술(열적전환) 바이오 수소 생샌기술	유기성 폐수의 메탄가스화 기술 및 매립지가스 이용기술(LFG) 바이오매스 열분해, 가스화, 가스화발전 기술 생물학적 바이오 수소 생산기술
바이오 매스생산 가공기술	에너지 작물 기술, 생물학적 CO_2 고정화기술, 바이오 고형연료 생산 이용기술	바이오매스 작물 재배, 육종, 수집, 운반, 가공기술, 산림녹화,미세조류 배양기술, 바이오 고형연료 생산 및 이용기술

② 바이오 연료(Bio-energy)

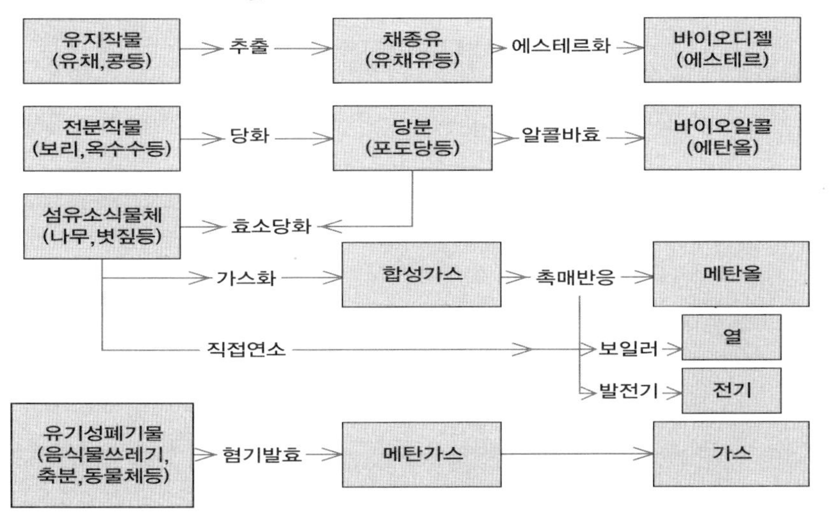

7.2 BT(Bio-Technology)이용기술

(1) BT(bio-technology)의 개념

석유자원을 원료로한 휘발유등의 연료물질이나, 정제나 정유공정을 통한 광범위한 석유화학제품의 생산은 오늘날 여러 종류의 환경오염물질의 배출과 더불어, 석유자원의 고갈을 불러와 현재 고유가시대를 맞이하고 있는 현실이며, 석유에 대체되는 자원의 발굴이란 시대적 소명으로 바이오매스자원은 대체자원으로서의 가능성이 매우 지대하다고 볼 수 있다. 왜냐하면 첫째, 재생가능 자원(renewable resources)으로 자원의 고갈이란 측면에서 해방될 수 있으며 둘째, 석유자원과 같은 광물질등의 중금속이나 환경오염 및 유해물질이 거의 없는 순수물질로서 환경오염이나 공해물질이 없는 청정자원(clean resources)이다. 이 청정자원을 원료로한 새로운 물질개발 기술을 Bio-Technology, 즉 BT라하며, 21세기가 추구하는 새로운 기술개발이라 할 수 있다.

(2) 바이오매스(biomass)의 BT산업

바이오매스(biomass)를 원료로한 biorefinery를 비롯한 BT(bio-technology)이용기술의 일부를 아래의 공정도가 보여준다.

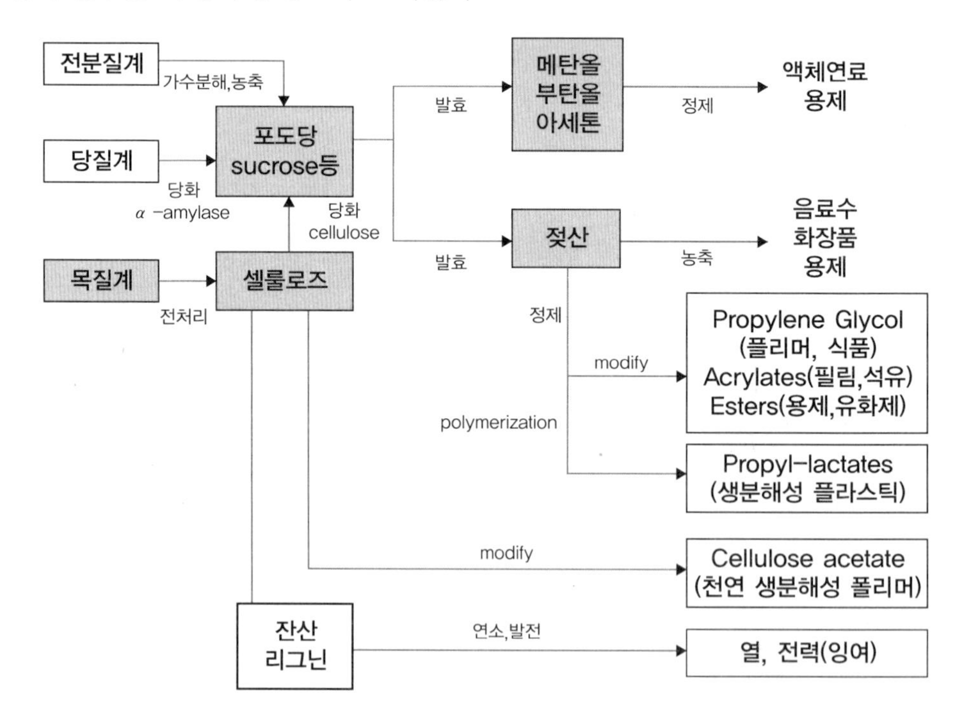

7.3 목질 바이오 매스의 대체 연료 가스화 (Syngas Production Process) 산업

석유자원의 점진적인 고갈은 화학공업원료의 고갈과 깊은 관계가 있음은 주지의 사실로, 이러한 현실의 타개 방법으로 탄수화물의 액화(liquefaction) 또는 가스화(gasifaction)는 많은 발전과 함께 잘 알려진 공정이다. 그러나 같은 탄수화물인 목재의 열분해에 의한 액화 또는 가스화는 Robert Mudoch가 1810년에 처음 시도한 후 이에 관한 연구는 활발하지 못한 실정이었다. 그러나 유한한 석유나 석탄자원과 무한한 산림자원의 견지에서 볼때 목재의 효율적인 이용은 오늘날 더욱 더 절실히 요구된다고 본다. 더욱이 현재 가파른 상승세를 보이고 있는 원유나 천연가스(LPG 또는 LNG)의 가격은 목재의 공업적 내지는 효율적인 이용에 관한 보다 많은 관심을 불러 일으킴은 몰론 이제 본격적인 활용방안을 마련할 때가 되었다..

(1) 바이오매스의 열분해 반응

일반적인 목질 및 목재의 열분해 반응은 <그림3-36>에 표시된 바와 같이 3단계의 과정을 거친다. ① 휘발성 물질과 목탄이 생성되는 열분해, ② 휘발성 물질의 열분해, ③ 목탄의 열분해 반응으로 나누어진다.

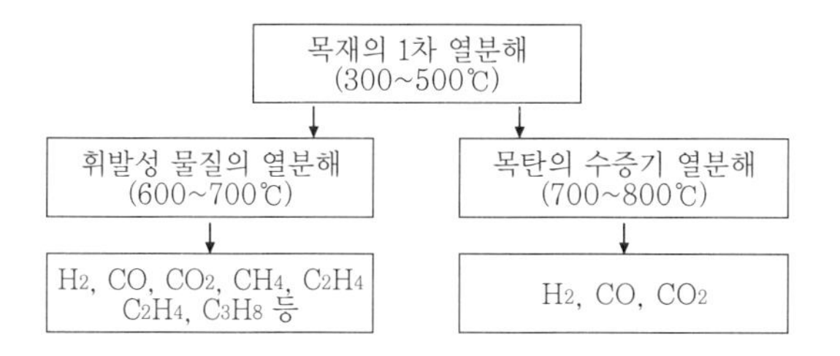

<그림3-36> 목질바이오매스의 열분해반응 공정도

최초의 목재의 열분해 온도는 석탄의 열분해 온도보다 훨씬 낮은 100℃정도에서 목재의 휘발성분을 시작으로 열분해가 이루어지는데 200℃에서는 hemicellulose의 열분해가 이루어지고, 350℃이상에서는 상당량의 lignin이 열분해 반응을 받게 되지만 여전히 많은 양의 lignin은 cellulose와 함께 500℃이상이 되어야 열분해반응을 받게 된다. 목재의 각 주요성분의 열분해 특징은 다음과 같다.

① 셀룰로오스의 열분해

Cellulose가 열분해를 받기 직전의 화학적 반응구조는 <그림3-37>에서와 같은 반응구조를 거쳐 organic aldehyde나 유기산으로 분해된 뒤 보다 높은 온도에서 CO_2, CO, CH_4등의 가스를 생성하게 된다.

② 헤미셀롤로오스의 열분해

지금까지 hemicellulose의 열분해는 상세히 보고된 바가 없다. 그러나 일반적으로 무수당(anhydro sugars)를 거쳐 cellulose와 같은 열분해반응을 거치는 것으로 짐작된다.

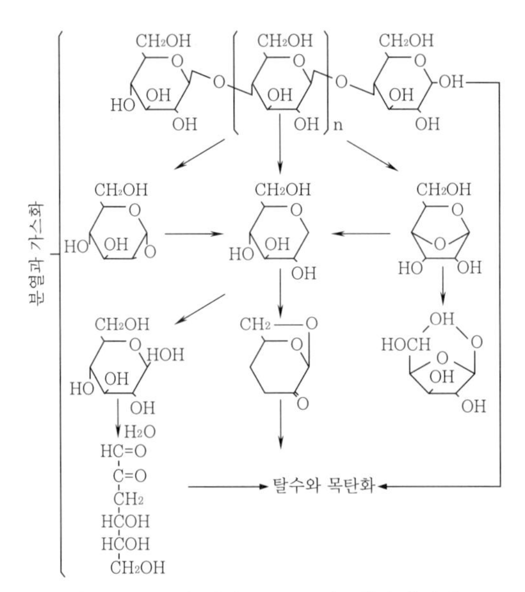

<그림3-37> 목질셀룰로오즈의 열분해반응 구조

③ 리그닌의 열분해

목재의 열분해에 의하여 생성된 목탄은 주로 lignin의 열분해에 의한 것으로 알려져있다. 이 목탄은 일반적으로 목재의 수종에 관계없이 조성비 83%의 탄소, 3%의 수소, 그리고 14%의 산소로 되어있다. <표3-5>는 전나무의 열분해 중 cellulose와 lignin의 생성물의 비교치이다.

<표 3-5> Spruce 셀룰로오스와 리그닌으로부터 가스 생성비율의 비교

생 성 물		Spruce 셀룰로오즈	Spruce 리그닌	비고
숯		34.86	50.64	부피 %
타르		6.28	1.90	
초산		2.79	0.19	
메탄올		0.07	0.90	
아세톤		0.23	0.19	
가스	CO_2	62.90	9.60	
	CO	32.42	50.90	
	CH_4	3.12	37.50	
	C_2H_4	1.56	2.00	

(2) 가스화 이론

① 목재의 가스화 이론

목재의 열분해에 의해 생성된 물질은 결국 휘발성 물질과 목탄으로 구별되며 <그림3-36>에서 나타난 것과 같이 H_2, CO_2, CH_4, C_2H_4 그리고 C_3H_6가스 등의 혼합물로 구성되어 있으나 그 양은 목재의 10~20%에 지나지 않는다. 한편, 목탄은 목재의 70% 이상의 열용량을 가지고 있는 것으로 목재의 가스화는 목질의 구성비에 따라 약간의 차이가 있긴 하지만 결국 목재의 열분해에 의해서 생성된 목탄의 가스를 주로 의미한다. 이 목탄의 가스화는 다음과 같은 반응구조를 지니며, 반응탑에서 일어나는 반응은 다음과 같다.

가스화반응기에서 일어나는 반응은 아래의 반응들로서 실제 제조된 가스의 조성은 반응탑의 형태와 여러 조건에 따라 약간씩 다르다.

② Gasification Reaction 이론

i) Gasification Reaction 이론

목질물질의 열분해에 의해 생성된 물질은 결국 휘발성물질과 목탄으로 구별되며, 휘발성물질은 CO, CO_2, CH_4, C_2H_4 그리고 CH_3CHO등의 기체혼합물로 구성되어 있으나 그 양은 목재의 10~20%에 지나지 않는 존재로 간주된다. 한편 목탄은 목질 물질의 70%이상의 열용량을 가지고 있는 물질로, 목질의 gasification은 목질의 종류에 따라 약간의 차이가 있긴 하지만 결국 목질의 열분해에 의하여 생성된 목탄의 기체화를 뜻한다. 이 목탄의 기체화는 다음과 같은 반응구조로 나타낼 수 있으며 반응reactor 내에서 일어나는 예상 반응을 나열하겠다. 이러한 반응 mechanism은

steam gasification

$C+H_2O \rightleftarrows CO+H_2$

$\Delta H=+32.4Kcal/g\ mol$

hydrogen gasification

$C+2H_2 \rightleftarrows CH_4$

$\Delta H=-21.8Kcal/g\ mol$

partial oxidation

$2C+O_2 \rightleftarrows 2CO$

$\Delta H=-54.2Kcal/g\ mol$

carbon dioxide gasification

$C+CO_2 \rightleftarrows 2CO$

$\Delta H=+40.3Kcal/g\ mol$

반응 reactor의 종류와 반응조건에 따라 약간씩 달라질 수 있으나 기본적으로 위의 반응 mechanism을 따른다고 볼 수 있다.

ii) Methanation 이론

목질 물질의 열분해에 의해 생성된 목탄은 다음과 같은 reaction mechanism을 거쳐 일반적으로 CH_4gas를 생성하는 것으로 알려져 있다.

$C+2H_2 \rightleftarrows CH_4$

$\Delta H=-21.8Kcal/g\ mol$ (1)

$CO+3H_2 \rightleftarrows CH_4+H_2O$

$\Delta H=-49.3Kcal/g\ mol$ (2)

$CO_2+4H_2 \rightleftarrows CH_4+2H_2O$

$\Delta H=-39.4Kcal/g\ mol$ (3)

이때 잉여의 CO_2는 다시 수소와 반응하여 즉,

$CO_2+H_2 \rightleftarrows CO+H_2O$

$\Delta H=+9.9Kcal/g\ mol$ (4)

의 과정을 밟고 생성된 CO는 다시 반응기구 (2)를 거쳐 CH_4 gas를 생성하게 된다.

위 반응에서 수소기체는 CH_4를 생성시키기 위해 높은 부분압을 요구하고 있으며, 반응기구 (4)에서 약간의 흡열반응을 요구하는 mechanism을 가지지만 반응기구

(1)(2)(3)에서 보듯이 상당히 높은 발열반응으로 목질의 열분해에 의한 CH_4기체의 합성은 열수지 견지에서 매우 유리하다고 볼 수 있다.

④ 목재 가스화의 실험실적 방법

최근 이 분야의 가장 활발한 연구의 실험 방법을 소개하면 다음과 같은 장치를 구사하고 있다 <그림3-38>. 이 실험은 대기압에서 행해진 실험으로 높은 부분압이 작용하지 않고 있지만 상당히 관심있는 결과를 보여주고 있다.

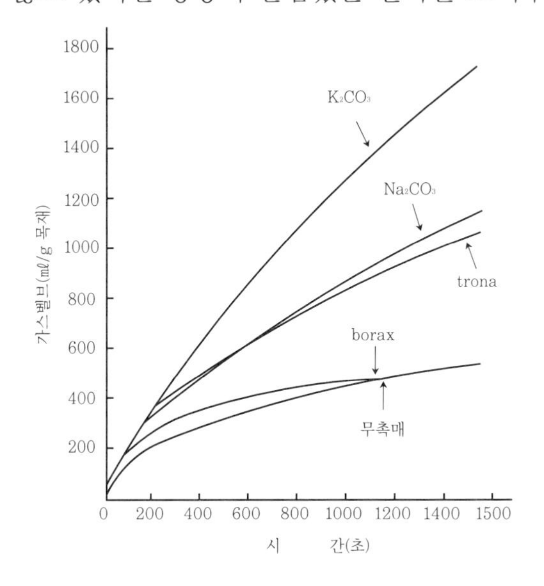

<그림3-38> 목질물질의 열분해반응에서 촉매의 효과

그리고 이 실험방법에 의해 얻은 결과를 <그림3-38>에 나타내었다. 촉매를 사용한 결과는 사용하지 않은 결과보다 가스의 체적이 거의 2~3배에 도달함을 보여주고 있다. 한편, 목재의 열분해(650℃)에 의해서 생성된 가스의 체적과 그 가스의 성분을 분석한 결과를 <표3-6>에서 보여주고 있다. 이 결과 역시 촉매를 사용한 결과를 사용하지 않은 결과의 2배 이상의 체적을 나타내고 있음을 보여주며, 또한 성분 가스중 CH_4 가스의 체적비율은 C_2H_4나 C_3H_8 가스보다는 몇 십배 이상의 체적을 보여준다. CH_4 가스의 조성비를 증가시키기 위해 제2의 촉매(Ni 또는 silica-alumina)를 1차 촉매와 함께 사용한 결과는 <표3-7>에서 보여준다. 이 결과 제2의 촉매를 사용한 결과 CH_4 가스의 체적비는 1차 촉매만 사용한 결과보다 무려 10배의 증가를 보여주고 있다.

<표3-6> 650℃에서 목질물질의 열분해와 수율

촉 매*	가스 부피, mℓ/g 목재**						
	H_2	CO_2	C_2H_4	C_2H_6	CH_4	CO	계
K_2CO_3	895	576	3	7	57	145	1,685
$CaCO_3$	581	407	4	8	59	116	1,175
$Na_2CO_3 \cdot NaHCO_3 \cdot 2H_2O$	424	350	5	10	73	111	973
무촉매	94	94	6	4	47	235	480

*Catalyst concentration=3×10^{-3} mole alkali/g wood
**Steam flow=1.2g/min, 25min for reachon with 10g wood

<표3-7> 2차 촉매의 효과

반응온도(℃)		550	650	740
2차촉매		Ni−3266	Ni−1404 : Si−Al	Ni−1404 : Si−Al
촉매공급온도(℃)		550	280−650	300−740
목재공급속도(g/min)		0.5	0.4	0.4
steam공급속도(g/min)		0.1	0.1	0.1
탄소변환(%)		36	47	64
Btu gas/g wood		0.62	0.70	0.76
연소가스부피(%)	H	37	2.8	0
	CO_2	36	50.2	48
	CH_4	21	47.0	52
	CO	6	0	0

⑤ 메탄화에서의 압력의 영향

앞에서 기술한 바와 같이 메탄화(methanation)공정은 발열반응이기에 반응열의 조정은 물론이지만 그것보다 더 중요한 것은 이 반응에서 사용하는 압력이다. 이 메탄화 반응은 체적이 감소하는 반응이기 때문에 상당히 높은 압력은 필수적으로 <표3−8>과 <표3−9>는 10기압과 40기압을 반응압력으로, 그리고 2개의 연속적인 반응탑을 사용한 결과를 각 생성기체의 백분율로 나타내었다.

<표3-8> 메탄화 과정에서의 가스조성(%, 10atm)

	입구 1 wet	출구 1 wet	입구 2 wet	출구 2 wet	출구 2 dry and CO_2 free
CO_3	10.85	10.20	19.05	17.90	-
CO	1.24	0.05	0.10	0.00	0.00
H_2	12.65	5055	7.75	0.90	1.15
CH_4	31.20	36.05	63.25	66.10	98.85
H_2O	4.06	48.15	9.85	15.10	

<표3-9> **메탄화 과정에서의 가스조성**(%, 40atm)

	입구 1 wet	출구 1 wet	입구 2 wet	출구 2 wet	출구 2 dry and CO_2 free
CO_3	11.9	10.3	18.2	17.5	
CO	2.7	0.1	0.2	0.1	0.1
H_2	18.4	6.7	8.8	0.9	1.4
CH_4	30.6	45.2	60.3	64.6	98.5
H_2O	36.4	47.7	12.5	16.9	-

(3) 가스화 장치

가스화 장치(gasifier)는 연소의 방법이 직접인가 간접인가, 가스의 방출위치, 가스화 장치의 바닥이 고정식인가 유동식인가에 따라서 그 구조가 달라진다. 또한 그 세부적인 면에서 가스의 정제장치, 원료의 투입장치, 목탄의 제거장치 등을 들 수가 있다. 이러한 가스화 장치의 기본적인 공정도를 간략하게 <그림3-39>에서 보여주고 있다.

근본적으로 가스화 장치는 공기를 사용하는 것과 산소를 사용하는 두 가지 형을 나눌수 있다. 만약 공기를 사용한다면, 생성된 혼합 가스내에 저온을 사용하여 반드시 제거되어야 할 46%의 질소가스를 함유하게 된다. 그러나 산소를 사용한다면 먼저 저온시스템을 이용하여 공기속의 산소와 질소를 분리시켜야 한다. 물론 이 혼합가스들은 오일과 타르를 전건목재를 기준으로 하여 약 2% 정도 함유하고 있다. 목재용으로 설계된 가스화 장치는 석탄 가스화 장치가 400psi에서 가동되는데 비하여 대기압에서 가동될 수 있다. 산소를 이용한 것과 공기를 사용하여 얻은 혼합기체의 조성이 <표3-10>에 나타나 있다 이 표는 산소를 사용한 가스화 장치와 공기를 사용한 가스화 장치의 간단한 예이다.

<표3-10> 두 종류의 가스화 장치로부터 목재가스의 조성비교(Dry Basis)

원 료 가 스	산소시스템(UCC Purox) % Vol.	공기시스템(Moore-Canada) % Vol.
수소	26.0	18.0
일산화탄소	40.0	22.8
이산화탄소	23.0	9.2
메탄	5.0	2.5
탄화수소	5.0	0.9
산소	0.5	0.5
질소	0.5	45.8
계	100.0	100.0
열효율(per cu ft)	350Btu	180Btu

Union Carbide Company는 순수한 산소를 사용하여 도시쓰레기나 다른 바이오매스물질등을 가스로 전환하는 시스템을 개발했다. 이러한 폐재들은 먼저 건조공정을 거치고 나서, 환원된 목탄을 산화시킨다. 그리고 산화반응은 목탄을 CO나 CO_2로 전환시킨다. 약 600℃에서 분해된 물질은 바닥에 남게되며 많은 양의 수분을 함유한 혼합가스는 550℃에서 정상에 남게된다. 공기를 사용한 한 예로써 Moore-Canada System이 있다. 이 시스템은 Purox system과 마찬가지로 바닥을 움직이는 것으로 공기 중의 산소를 산화매개체로 사용하는 것이다.

결론적으로 산화지역에 있어서 최대온도는 1,222℃이고, 재는 녹아난 슬래그(molten slag)에서 과립형으로 남게 된다.

반응기 내에는 남아 있는 온도는 72~82℃이다. 혼합가스내에 수소의 함유율은 공기를 탱크 내로 투입시키는 방법에 의한 8~10%에서 18~22%로 증가하게 된다. 이 회사는 준상업용 규모로서 목질폐재의 전건무게가 하루 18톤인 설비와 상업용으로 하루 60톤인 공장을 가지고 있다. 가스화의 기술은 아직 비용을 삭감할 수 있는 공정의 설계와 수율을 증대시키며, 양질의 선호도가 높은 가스를 얻기 위한 화학공정의 두 가지 설비에 있어서 비교적 부진한 발전을 보이고 있다(goldstein, P. 980 ; Katzen, 1975). 후자는 열효율을 증가시키기 위하여, 혹은 원료물질의 화학합성을 위한 메탄과 에틸렌 같은 특별한 생산물을 합성하는데 기여하는 촉매의 사용을 포함한다.

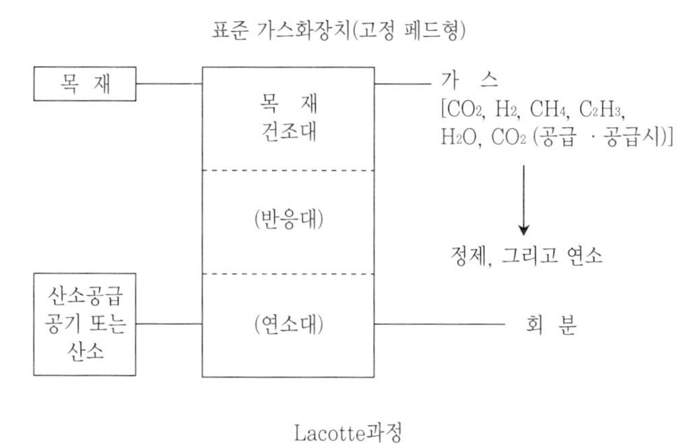

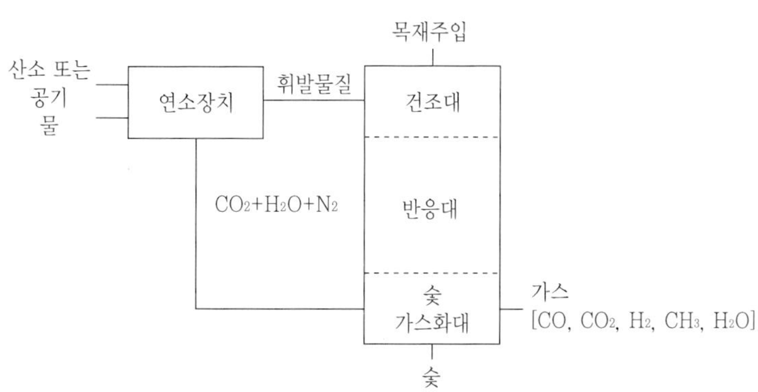

<그림3-39> 표준 가스화장치와 lacotte과정의 비교

<그림3-39> 는 가스화 장치를 간략화하여 나타낸 것이다. 위에 나타난 표준형 가스화장치는 상향 배출식(updraft)이며, Lacotte과정은 하향 배출식(down draft)을 나타낸 것이다. 이 그림에서 보는 바와 같이 가스화 장치의 내부구조는 크게 3개의 부분으로 나눌수 있다. 목재는 위로부터 투입되어 건조공정, 열분해공정, 그리고 목탄의 가스화공정 등 세 가지 공정을 거치게 된다. 최초의 반응으로부터 생성된 휘발성 기체들은 꼭대기로부터 산소나 공기를 투입하는 연소기를 지나 아래로 내려가게 되면, 연소기에서 생성된 생산물들도 반응용기의 가동을 위하여 스팀이나 열을 공급하는 바닥으로 밀려 내려가게 되고, 이 가스들은 반응기 바닥에서 회수된다. 목탄은 아마도 완전히 가스화된 채로 회수될 것이다 왜냐하면, 반응온도가 너무 높기 때문에 목탄과 다른 응축물들을 완전히 파괴되기 때문이다. 이 가스상의 산물들은 CO_2, CO, H_2, CH_4의 혼합물이다.

<그림3-40> 과 <그림3-41>은 목질물질의 열분해熱分解에 의한 가스화반응 장치와 액화반응장치의 전체 반응공정을 보여준다.

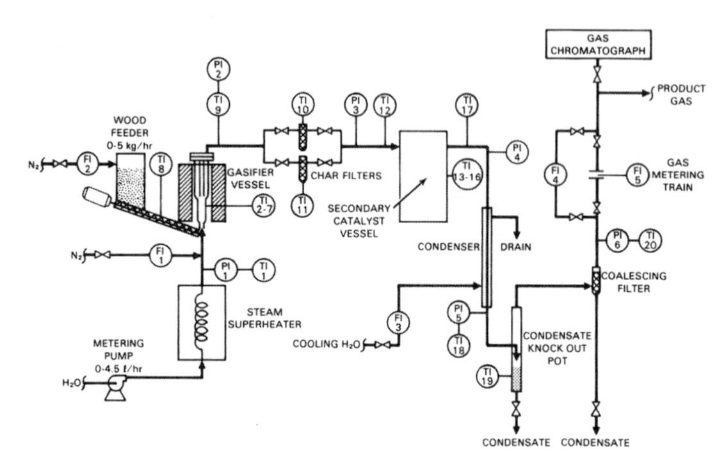

<그림3-40> 기체화 반응장치와 제조공정도

<그림3-40> 의 반응장치에 의해 제조되는 열-에너지 물질은 CH_4를 비롯하여 C_2H_4, C_3H_8에 이르기까지 다양하며, 역시 <그림3-41> 의 반응장치에 의한 액상물질은 톨루엔, 나프텐과 같은 저분자형 물질도 포함하지만, 고분자형 방향족 화합물이 대부분인 것으로 밝혀졌다.

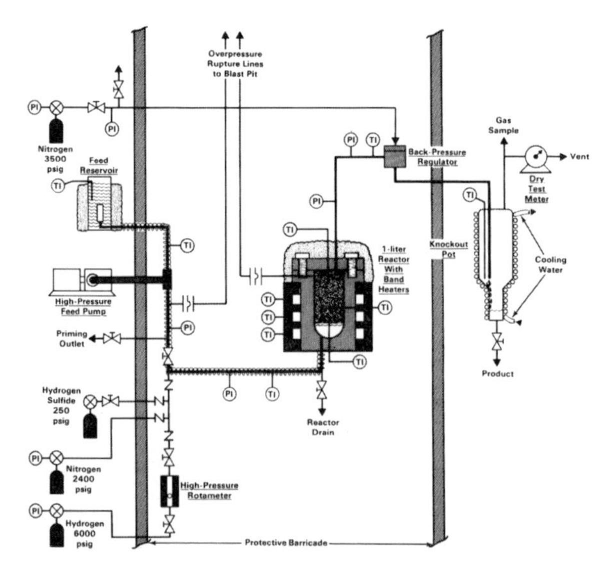

<그림3-41> 액체화 반응장치와 제조공정도

① CH_4 Gas 및 액화에너지의 실험실적 제조

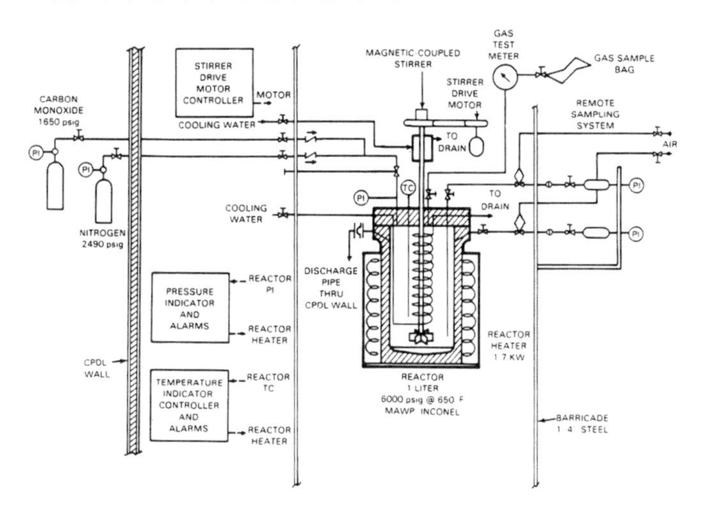

<그림3-42> Autoclave형 가스화 및 액화열분해 장치

<그림3-42> 는 1기압 이상 100기압 하에서 역시 앞에서 언급한 종류의 lignocellulosic biomass를 원료로 CH_4gas를 비롯한 여러 종류의 기체에너지와 액체에너지를 제조할 수 있는 장치이다. 이 반응기구의 reaction temp. 는 400℃ ~ 800℃ 까지이며, 이 때 사용되는 1차 반응촉매는 CaO, K_2O, MgO, Fe_2O_3 이며, 2차 반응촉매는 SiO_2, Al_2O_3등이다.

간벌목재를 wood chipper와 wood grinder를 사용하여 20~50mesh 크기의 톱밥으로 분쇄하여 시료로 사용한다.

한편 고열량(High BTU)를 지니는 합성대체에너지(SNG : Synthetic Natural Gas)가스를 생산하기 위해 열-촉매화학적 분해기법 중 사용되는 촉매로서는 Na_2CO_3, K_2CO_3, Cr_2O_3, $Ni-K_2CO_3$, Al_2O_3등 단독 또는 혼합촉매를 사용한다.

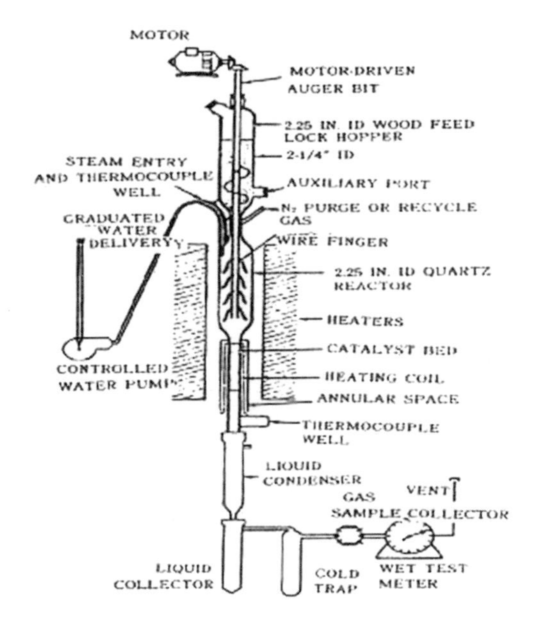

<그림3-43> 1기압 F에서 열분해에 의한 연료가스를 생산 할 수 있는 석영관형 반응 reactor의 모습

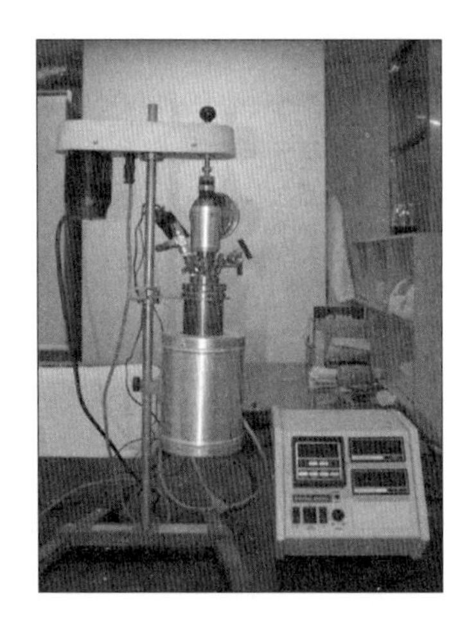

<그림3-44> 100기압까지 기능한 열분해 반응 reactor

<그림3-43> 은 본서本書의 저자가 고안한 석영관형 반응 reactor로서 시료를 계속적으로 공급할 수 있는 장치이다. 이 반응 reactor는 1기압에서 작동시킬 수 있는 장치로 시료를 <그림3-43>의 wood hopper로부터 10-15g/hr의 속도로 투입한다.

<그림3-43>에서 목질물질은 wood hopper에 저장되어 있으며 왼쪽 motor의 작동에 의해 screw를 따라 촉매층을 통과하면서 석영관 reactor 주위를 둘러싸고 있는 heater에 의해 300-500℃정도의 온도에서 1차 열분해를 받게 되고 그림에 나타난 2차 촉매층 구역에서 약 700℃~ 800℃의 고온에 의해 2차의 열분해가 일어나 여러 종류의 기체물질이 분해되며, 다시 <그림3-43>에서 보듯이 냉각기를 거치는 동안 액체성분은 응축되어 분리되고 기체성분은 비닐튜브를 사용해 포집하여 GC 및 HPLC의 화학적 분석을 위해 시료로 사용한다.

이 실험에 사용된 lignocellulosic biomass는 cedar wood, jute stick, baggase 그리고 볏짚으로 크기는 100 ~ 160㎛ 정도이다.

<표3-11> 은 이들 시료를 사용하여 1기압, 300℃~400℃에서 분해 제조된 연소가스의 실험결과이다.

<표 3-11> 1기압, 300℃- 400℃ 에서 분해 제조된 연소가스의 실험결과

	Cedir wood	Jitic Rick	Ragg	Riec stram
Particic (mm)	0.1-0.3	0.1-0.3	0.1-0.3	0.01-0.3
Me	10.0	3.0	5.0	11.4
Heating sa (HHV)(kacl/kg)	4570	4599	4555	3036
U				
C	51.10	49.79	48.58	36.9
H	5.90	6.02	5.97	4.7
O	42.30	41.37	38.94	32.5
N	0.12	0.19	0.2	0.3
Cl	0.01	0.05	0.05	0.08
S	0.02	0.05	0.05	0.06
Pro				
No	69	77	69	49
Fi	30.7	22.4	29.7	28.4
Asb	0.3	0.5	1.3	22.6

목질폐재의 열 분해에 의해 생성된 물질은 결국 휘발성 물질과 목탄으로 구별되며 휘발성 물질은 CO, CO_2, CH_4, C_2H_2 그리고CH_3CHO 등의 기체 혼합물로 구성되며 어떤 열-화학적 분해 반응을 받느냐에 따라 어떤 대체 에너지 가스의 생성도 달라진다.

<그림3-44>는 프랑스 Autoclave Engineers, Inc. 제품인 Model No. ABC 0050SS0 4인 2000cc 짜리 316Ti Stainless Steel Bomb으로서 본서本書의 저자가 과거 목질물질의 열분해熱分解를 통한 새로운 화학물질의 합성合成을 위한 기초실험에 사용된 장치이다. 이 실험장치는 반응온도 1,000℃까지 반응압력 100기압까지 사용할 수 있는 장치로 앞으로 이분야의 연구에 유용하게 사용할 수 있는 장치로 기대된다.

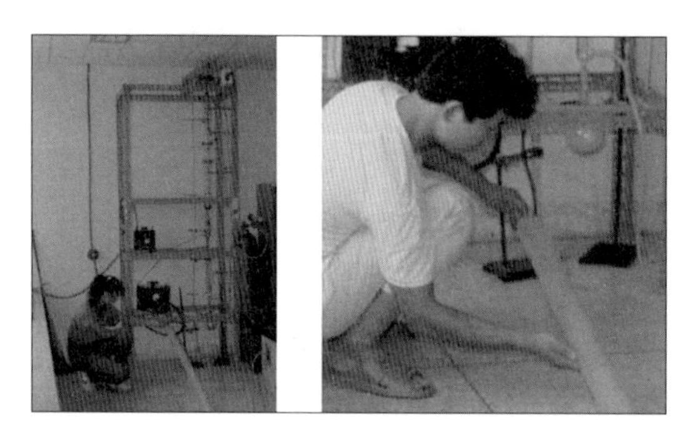

<그림3-45> 그림4-43의 장치를 이용해 연료가스의 생산모습

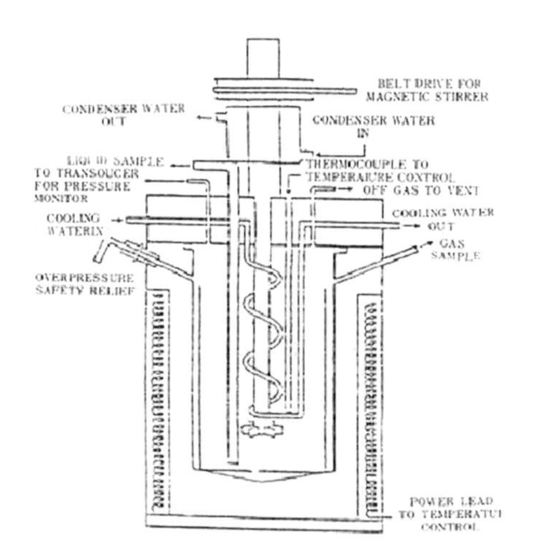

<그림3-46> (그림3-44)의 내부구조도

<표3-12> 와 <그림3-47>및 <그림3-48>는 미야자와등이 삼목의 열-화학적 분해반응을 통해 얻은 연구결과이다. 이때 사용한 열-화학적 분해촉매는Rh/CeO_2/SiO_2의 복합촉매를 사용하였다.

<표3-12> Rh / CeO_2 / SiO_2의 혼합촉매를 사용하여 단일 및 복합반응 reactor 에 의해 생성된 연료가스의 비교

Reactor	T(° k)	Formation rate(μ mol/min)					C-con (%-C)
		CO	H_2	CO_2	CH_4	$CO+H_2+CH_4$	
Single-bed	823	1605	2290	2914	514	4407	88
	873	2093	2615	2743	784	5492	98
	923	2593	3208	2496	628	6429	99
	973	3024	3456	2109	580	7060	99
Dual-bed	823	2077	2638	1961	467	5182	78
	873	2091	3079	1959	363	5533	77
	923	2784	3666	1492	213	6663	78
Conditions : O_2, 35ml/min, N_2, 150ml/min sulpplied.							

<그림3-47> 진공상태에서 열분해에 의한 연료가스 제조장치

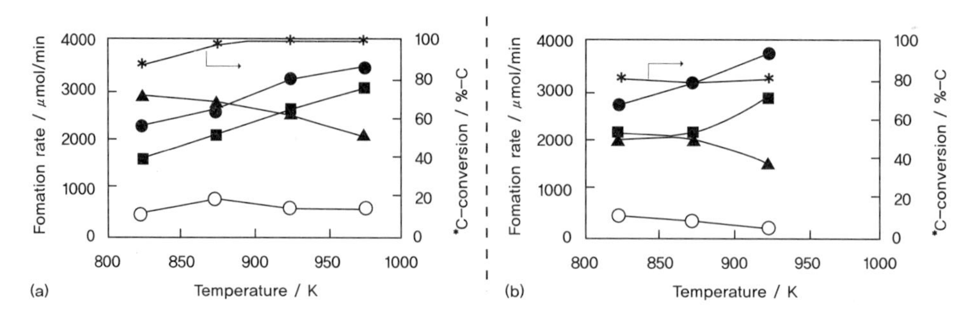

<그림3-48> 반응온도가 목질물질의 열분해에 의한 탄소화 전환율에 미치는 영향.
(*)C-conversion, (●)H_2, (■)CO, (▲)$CO_2$and (O) CH_4

② 촉매

<표3-13>과 <표3-14>는 촉매가 삼목의 열-화학적 분해반응에 어떤 영향을 미치는가를 나타내는 연구결과이다.

<표3-13> SiO_2 in Rh /CeO_2/SiO_2 혼합촉매 시스템에 의해 생산된 연료가스의 CeO_2 의 촉매효과

CeO_2	T(° k)	Formation rate(μ mol/min)					C-con (%-C)
		CO	H_2	CO_2	CH_4	CO+H_2+CH_4	
0	823	1328	577	1294	256	2127	50
	873	1618	869	1329	339	2537	57
	923	2413	2231	1622	183	3990	73
20	823	2082	2692	1861	489	5041	77
	873	2551	3242	1767	274	5284	80
	923	2827	3538	1598	148	5285	80
30	823	2153	2687	1841	518	5046	78
	873	2600	3232	1752	269	5254	80
	923	2902	3542	1607	149	5297	81
60	823	1852	2572	1938	433	4943	74
	873	2347	3067	1862	309	5238	78
	923	2777	3407	1606	179	5192	79

Conditions : O_2, 35ml/min, N_2, 150ml/min sulpplied.

<표3-14> $Rh/CeO_2/SiO_2$ 혼합촉매 시스템에 의한 열분해 반응의 열분해 온도효과

Biomass	T(K)	formation rate (μ mol min)				H_2/CO	C-conversion (%C)	Char yield (%C)	Coke yield (%C)	Tar yild (%C)
		CO	H_2	CO_2	CH_4					
Cedar	823	2152	2686	1841	517	1.3	78	20.8	1.2	0
	873	2599	3232	1752	269	1.2	80	19.1	0.8	0
	723	2902	3541	1605	148	1.2	81	18.5	0.5	3
Jute	823	2032	2634	1729	323	1.3	71	24.0	3.0	2.0
	873	2362	3036	1818	306	1.3	78	17.0	1.0	0.0
	923	3057	3255	1577	218	1.1	84	14.5	0.5	0.0
Baggase	823	1850	2057	1645	416	1.1	68	21.0	4.0	7.0
	873	2050	2357	1739	516	1.2	75	21.0	2.0	2.0
Rice straw	923	2965	3264	1587	205	1.1	82	17.0	1.0	0.0
	823	1797	2057	1569	366	1.2	65	21.0	4.0	10.0
	873	2102	2162	1677	452	1	74	19.0	4.0	3.0
	923	2878	3167	1524	172	1.1	80	16.0	2.0	2.0

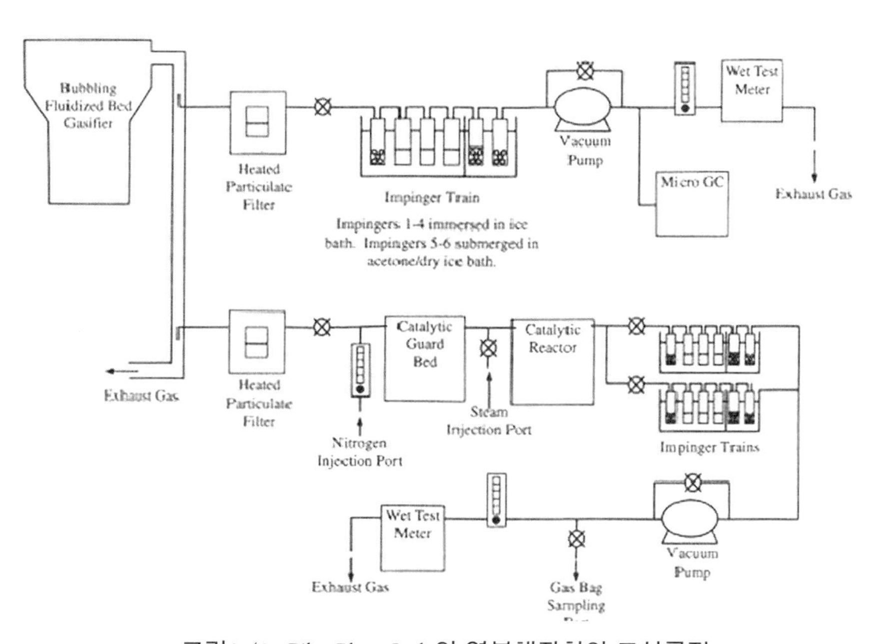

<그림3-49> Pilot Plant Scale의 열분해장치의 도식공정

<그림3-49>는 Pacific Northwest Laboratory(PNL) 연구소가 보유한 pilot plant scale의 실험장치를 도식화한 그림이다. 본 장치를 사용하여 CH_4를 비롯한 여러 종류의 기체형 및 액체형 열-에너지물질을 생산하는 연구결과를 얻은바 있다.

7.4 목질 바이오매스(Lignocellulosic Biomass)의 효소 및 미생물에 의한 분해

목질바이오매스를 셀룰로오즈, 헤미셀룰로오즈 및 리그닌으로 분해하는 방법으로 화학적 분해법 즉 화학적 증해(chemical pulping)법은 이미 잘 알려져 있지만 더 이상의 소분자 즉 Glucose, 에틸알콜, C_1~C_8 계열의 탄화수소 등으로 분해하여, 인간생활에 필수적으로 요구되는 석유화학공업의 원료나 석유의 대체자원으로 쓸 수 있는 물질로의 변환은 매우 어려운 기술개발과 새로운 학문체계를 요구하지만 그러나 극복하지 못할 진리는 아니라고 본다.

앞 절에서 밝힌바 거대한 고분자물질이라 할 수 있는 목질 바이오매스를 열-화학적 분해(Thermo chemical pyrolysis)에 의해 여러 종류의 LPG(Liquid Petroleum Gas)와 매우 유사한 SNG(Synthetic Natural Gas)를 합성하거나 또는 탈산소-수소脫酸素水素첨가반응(Deoxyhydrogenation)을 통해 C_4 ~ C_8계열의 지방족 탄화수소(Aliphatic hydrocarbon)를 합성하는 방법을 제시하였으나, 이들 열-화학적 분해에 의한 석유에 대체되는 대체에너지원의 합성도 아직은 그 경제성이나 기술성이 완전 무결하게 검토되지 않아, 여기 효소 및 미생물에 의한 목질물질의 대체에너지 자원화를 제안하게 되었다.

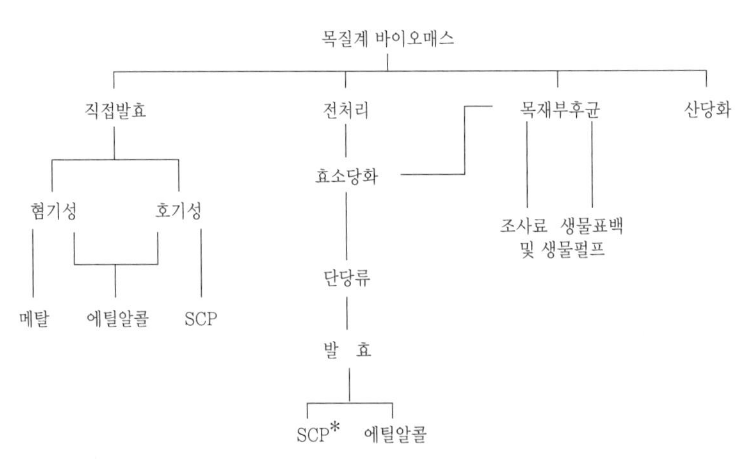

<그림3-51> 목질계 바이오매스의 미생물 처리에 의한 이용법의 예
*SCP : Single cell protein(단세포 단백)

<그림3-51>은 미생물 또는 효소에 의한 목질바이오매스의 변환과 대체에너지源으로 사용할 수 있는 계통도이다.

효소 및 미생물에 의한 목질바이오매스(lignocellulosic biomass)의 분해에서 가장 취약점인 것은 이렇게 복잡한 유기고분자화합물有機高分子化合物인 목질물질을 분해하는 효소나 미생물은 이 유기고분자화합물을 구성하는 3대 구성성분인 셀룰로오즈, 헤미셀룰로오즈 및 리그닌이 100% 순수할 때 그리고 이들 3대 성분을 분리하여 기질로 사용할 때 효소나 미생물의 분해능이 발휘된다는 사실이며, 이것이 현실적으로 효소 및 미생물에 의한 목질바이오매스의 분해를 어렵게 한다는 사실이다. 즉 화학적이건 물리적이건, 이들 3대 성분이 목질물질 가운데서 매우 복잡하게 얽혀있기 때문에 순수하게 그리고 완벽하게 이들 3대 성분을 각기 분리하여 각 성분에 적합한 효소나 미생물로 이들 3대 성분을 분해 변환시켜 단당류(포도당 등)나 에틸알콜로의 변환이 어렵다는 사실이다.

(1) 셀룰로오즈로부터 에틸알콜(C_2H_5OH)로의 변환 Technology

셀룰로오즈의 가수분해를 억제시키는 두 가지 물리적 장해인자들이 있다. 하나는 셀룰로오즈의 결정구조이며 다른 하나는 리그닌의 존재이다. 이들 두 장해인자들은 산 혹은 효소에 의한 가수분해를 저해한다. 목질계로부터 에탄올을 생산하려면 이 장해인자들을 어느정도 제거시켜야만 가능하다. 이런 장해인자들은 일부 제거시키는 것이 전처리 방법이다. 전처리 방법으로는 셀룰로오즈의 결정구조를 팽창, 리그닌과 셀룰로오즈의 분자 크기를 극대화시켜 표면적을 증가 및 일부 리그닌 제거등의 방법이 주종을 이루며 처리방법에 따라 물리적, 화학적, 물리-화학적, 생물학적 전치리로 나눈다. 전처리 방법은 앞에서 자세히 언급되었으므로 본절에서는 생략한다.

전처리 과정을 거치지 않고 목재 또는 지류로부터 직접 에탄올을 생산하는 것은 현재로서는 불가능하다. 기존의 목재 당화방법에 의한 에탄올 생산도 산가수분해酸加水分解라는 전처리 과정을 거쳐 당화액을 얻고 이것을 발효시켜 에탄올을 생산하는 과정이다.

셀룰로오즈로부터 에탄올을 생산하는 생물화학적 방법으로는 ①셀룰로오즈에 1균주만을 넣어주어 글루코오즈와 에탄올을 생산하는 방법, ②셀룰로오즈에 2균주를 동시에 넣어 글루코오즈와 에탄올을 생산하는 방법, ③일차적으로 1균주를 넣어 셀룰로오즈와 글루코오즈로 당화시키고, 여기에 다른 균주를 넣어 에탄올로 발효시키는 방법, ④셀룰로오즈를 산으로 가수분해시켜 글루코오즈를 당화시킨 다음 이 당화액을 1균주로 발효시키는 방법이 있다.

그러나 여기서는 셀룰로오즈를 효소에 의해 글루코오즈로 가수분해시키는 방법과 가수분해된 당을 에탄올로 전환시키는 두가지 측면에 국한하여 설명한다. 산에 의한 가수분해는 본서本書 3장 2절 2.4 목재화학공업에서 중복 설명하였으므로 여기서는 단지 산과 효소 가수분해의 차이점만을 열거해 두고자 한다.

산가수분해의 경우 셀룰로오즈가 가수분해될 뿐만 아니라 일부의 탈리그닌화도 일어난다. 가수분해 속도가 빠르며 헤미셀룰로오스의 일부가 알콜 발효에 지장을 주는 푸르푸랄(furfural)등과 같은 물질로 분해되고, 생성된 글루코오즈도 산에 의하여 또 다시 분해되므로 그 수율이 낮다. 반응성이 극열하므로 에너지 및 장비부식 면에서도 불리하다. 또한 약품소비가 크므로 촉매와 약품회수 및 재이용이 요구된다. 한편, 효소 가수분해는 전처리가 필수적이며 가수분해 속도가 느리다. 반응조건이 온화하여 실온에서도 가능하며, 협기성 발효로서 거의 순수한 당시럽을 얻을 수 있다. 글루코오즈 생산량은 전처리 조건 및 반응 제조건 등에 따라 다르다. 또한 효소 생산비용이 고가이므로 효소의 재순환이 필수적이다.

(2) 셀룰로오즈로부터 Glucose로의 변환 Technology

셀룰로오즈를 가수분해시킬 수 있는 cellulase는 미생물에서 유래되는 효소류로서 다른 여러가지의 상승 작용적인 조성분(synergistic components)들로 구성되어 있다. Cellulase complex는 multiple form으로 존재할 수 있는 3종류의 기본 조성분으로 구성되어 있다고 알려져있다.

셀룰로오즈를 분해시키는 미생물은<표3-15>에서와 같이 수없이 많으나, 이들 대부분은 단지 셀룰로오즈의 비결정지역 혹은 전술한 전처리 방법으로 처리된 셀룰로오즈만을 분해시킨다. 이러한 현상은 아마도 셀룰로오즈의 결정구조를 분해시키는데 필요한 cellulase complex의 조성의 일부가 결여된 것에 기인한다고 알려져있다.

<표3-15> 셀룰로오즈를 분해시키는 미생물

균주	*Trichoderma reesei, T. koningii, T. lignorum*
중온균	*Penicillium funiculosum, P. variable, P. iriensis*
	Aspergillus wentii, A. niger, A. foetidus, A. furnigatus
	Polyporus adustus, P. tulipiferae
	Fusarium solani, F. lini
	Sclerotium rolfsii
	Eupenicillium javanicum
	Geotrichum candidum
	Armillariella mellea
	Schizophyllum commune
	Monilia sp.
고온균	*Chaetomium thermophile*
	Humicola sp.
	Sporotrichum thermophile
	Thermoascus aurantiacus
	Talaromyces emersonii
세균	*Cellvibrio fulvus, C. gilvus, C. vulgaris*
중온세균	*Pseudomonas fluorescens*
	Acetovibrio cellulolyticus
	Streptomyces flavogrisens
	Ruminococcus sp.
	Cellylomonas sp.
고온세균	*Clostridium thermocellum*
방선균	*Streptomyces sp.*
중온방선균	
고온방선균	*Thermonospora sp., Thermoactinomycetes sp.*

이들 셀룰로오즈 분해미생물 중에서도 가장 많이 연구되고 있는 것이 *Trichoderma reesei(T.viride)*이므로 이 균주를 중점으로 설명하고자 한다. 이 균주는 토양균류로서 약 40년 전에 New Guinea에서 썩은 탄 띠로부터 분리한 *Deuteromycete*과에 속한다.

현재까지 *T. reesei*균주들에서 합성되는 cellulase와 이들에 의한 셀룰로오즈 분해에 관한 연구는 여러가지 방향으로 연구되고 있다. 그 하나는 *T. reesei*에서 분비되는 cellulase의 효소 생산성과 수율을 증가시키기 위하여 여러가지 변이체를 생성시키는 방법이다.

즉, *T. reesei*의 야생주는 글루코오즈의 생산농도가 2.0~2.5%로 제한됨으로 공업적인 에탄올 생산에는 적용시킬 수 없기 때문에 글루코오즈의 생산량을 높이기 위하여 cellulase를 다량으로 생산하는 돌연변이주의 개발(hypercellulase mutant)이 연구되고 있다.

(3) Glucose로부터 에틸알콜로의 변환 Technology

글루코오즈는 곰팡이류, 효모류 및 세균류에 의하여 에탄올로 전환될 수 있다. 옥수수, 밀, 보리와 같은 곡류전분은 *Aspergillus*속을 포함하는 곰팡이류에 의해 당화시킨 후 효모류나 곰팡이류*(Furasium sp.)*를 접종하여 에탄올로 전환시키며, 당, 당밀 및 아황산펄프폐액은 효모 또는 세균*(Zymomonas mobilis)*만 접종된 상태에서도 에탄올로 발효가 가능하다. 본항에서는 곡류의 에탄올 발효는 생략하고 목재 가수분해로 얻을 수 있는 당, 당밀과 아황산 펄프폐액에 효모 또는 세균을 이용한 에탄올 발효에 대해서만 설명하고자 한다.

효모, 곰팡이류 및 대부분의 세균에 의한 에탄올 생성경로는 <그림 3-52>와 같이 Embden-Meyerhoff pathway를 거친다. 그러나 세균 중에서 *Zymomonas mobilis*는 Entner-Doudorof pathway에 따라 에탄올이 생성된다.

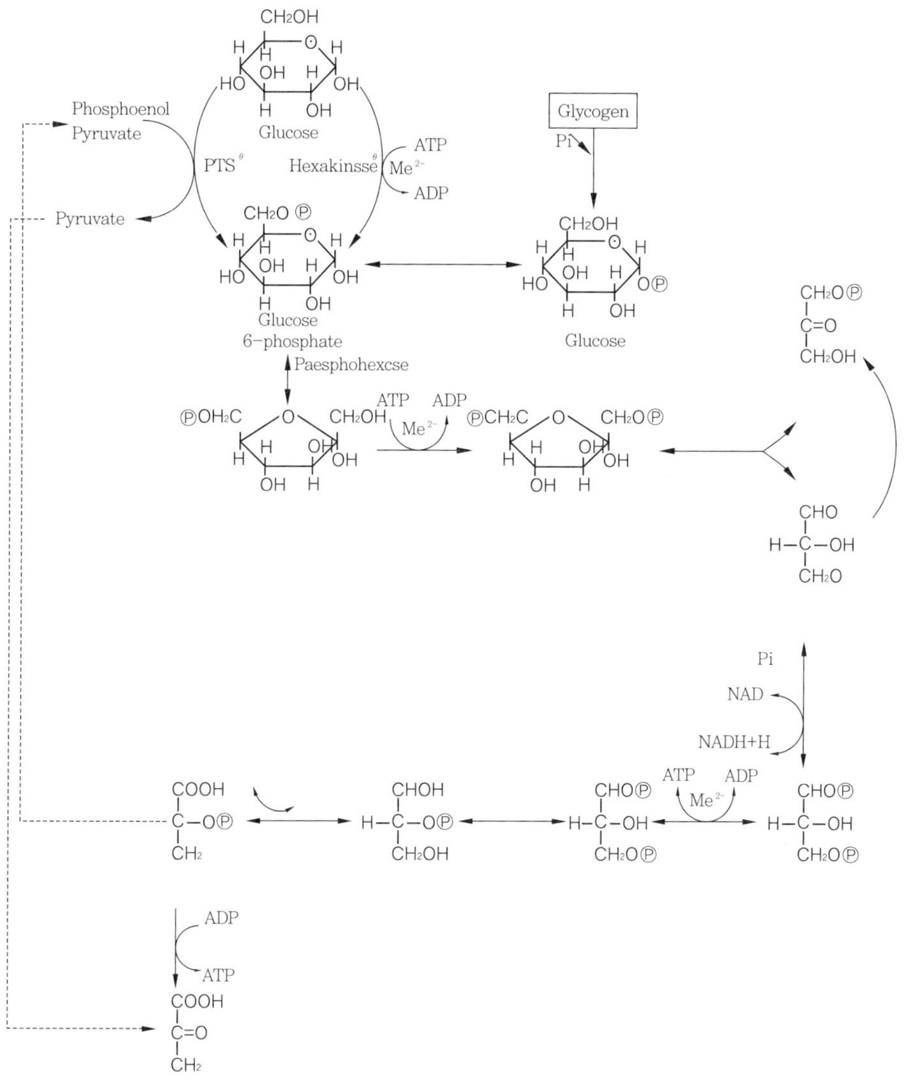

<그림3-52> Embden-Meyerhoff-Pathway

7.5 목질 바이오매스(Lignocellulosic Biomass)의 대체 석유화(Alternative Oil Production)산업

(1) 탈脫-산소, 수소 첨가반응(deoxyhydrogenation reaction)

바이오매스는 기존 화석연료 중심의 산업공정에 쉽게 적용할 수 있는 형태의 에너지원일 뿐만 아니라 화학공업의 원료물질로서 개발될 수 있는 유망한 재생자원이다. 이에 선진국에서는 이미 바이오매스의 자원화를 위한 연구가 활발하게 진행되고 있으나, 국내에서는 바이오매스의 자원화에 대한 연구가 매우 부족한 실정이다. 20세기 들어 전 세계적으로 석유산업 중심의 산업화가 이루어져 왔고, 특히 21세기 세계 각국의 산업화는 석유를 원료로 하는 산업화가 경쟁적으로 이루어져 왔으며, 결과적으로 최근의 몇십년내 여러차례의 오일쇼크는 석유에 대체되는 대체자원의 개발을 필연적으로 추구하게 되었다.

더욱이 최근 중국의 산업화는 상상을 초월하는 석유소비를 불러와 현재 전세계적인 오일쇼크를 자아내고 있는 실정에, 이제는 석유자원의 멀지않은 고갈의 시대를 맞이할 것이며, 이 석유자원의 대체되는 자원은 바이오매스자원이 가장 적합한 자원으로 이 자원의 개발과 대체 Technology는 과히 필수불가결한 명제로 부각되고 있다고 본다.

이런 바이오매스 대체자원을 생산하기 위한 방법으로서 매우 다양하고 광범위한 응용방법이 있겠지만 이절에서는 광범위한 응용방법 가운데 몇 종류의 Technology를 소개한다. 그 가운데 가장 잘 알려진 응용방법으로 Fast pyrolysis가 있는데, Fast pyrolysis는 다른 방법들보다 고부가가치의 화학물질을 생성할 수 있다는 점에서 크게 주목을 받고 있다. 이런 Fast pyrolysis 공정을 거쳐 생성된 Bio-oil은 바이오매스로부터 액상 생성물을 얻기 위한 fast pyrolysis 기술의 한 단면이라하겠다. 이렇게 생산된 bio-oil을 대체 휘발유로 사용하려는 많은 연구가 집중되어 왔다. 그러나 한편 bio-oil이 가지는 화학공업원료물질로서의 잠재성에 대한 관심이 증폭되고 있으며 장차 이 분야에 대한 연구가 활발해질 것으로 예상된다. 따라서 본문에서는 Bio-oil의 특성 및 분석을 통한 활용방안에 대해 알아보고자 한다.

① 일반적 목질 바이오매스의 화학적 구조

ⓐ 셀룰로오즈 : $(C_6(H_2O)_5)n=10000$

ⓑ 헤미셀룰로오즈 : $(C_5(H_2O)_4)n=200\sim300$

ⓒ 리그닌 : $nC_6H_5-C_3H_8$

② 탈脫-산소, 수소첨가반응(Deoxyhydrogenation Reaction)

ⓐ $(C_6(H_2O)_5)n \longrightarrow +nH_2 \longrightarrow nC_6H_{12}+5/2nO_2 \xrightarrow{+nH_2} nC_6H_{14}$

ⓑ $(C_5(H_2O)_4)n \longrightarrow +nH_2 \longrightarrow nC_5H_{10}+2nO_2 \xrightarrow{+nH_2} nC_5H_{12}$

ⓒ $nC_6H_5-C_3H_7 \longrightarrow +4nH_2 \longrightarrow nC_9H_{20}$

(2) 바이오오일(bio-oil)변환 Technology

① Bio-oil의 정의

Bio-oil이란 Fast pyrolysis 공정을 적용한 바이오매스 열분해의 액상 생성물을 일컫는 용어로서, 이외에도 pyrolysis liquid, pyrolysis oil, bio-crudeoil, bio-fueloil, liquid smoke, pyroligneous tar 등 여러 가지 이름으로 불리고 있다.

즉, 바이오 오일은 Fast pyrolysis(빠른 열분해)과정에서 목질물질(나무, 톱밥, 수피)과 농업 폐기물과 같은 유기적 찌꺼기들을 변환시킴으로써 생산된다. 그 과정은 바이오 오일, 숯, 응축(압축) 할 수 없는 가스들을 생산하는데 수분數分이상이 걸리지 않는다. 바이오 오일과 숯이 중요한 공업적(상업적) 적용과 가치를 가져 석유에 대체되는 자원으로 사용할 수 있음을 보여준다. 그리고 응축할 수 없는 가스는 재생되고 열분해 과정을 위해 필요한 에너지의 약 75%를 생산할 수 있다.

② Bio-oil 생성과정

이론적으로 볼 때, 산소가 없는 열분해 반응조건에서 바이오매스의 고분자결합이 분해될 정도의 열에너지가 공급되면 각각의 고분자 물질을 구성하고 있는 성분이나 다른 저분자물질로 분해된다. 그러나 이 1차 열분해 생성물이 반응로 내에 체류하는 동안 쪼개짐이나 탈수반응을 동반하는 재축합(recondensation)반응과 같은 후속반응이 일어나게 된다.

<그림3-53> Bio-oil의 반응 Reactor와 생산모습

따라서 종래의 slow pyrolysis 공정에서 보듯이 체류시간이 증가할수록 1차 열분해 생성물인 액상생성물(열분해온도에서는 증기상임)의 수율은 줄어들고 대신 gas나 char의 수율이 증가하는 현상이 나타난다. 그러므로 만약 1차 열분해 생성물이 생성된 직후 생성물질이 반응로에서 머무르는 시간을 최소화 한다면 후속적인 반응이 일어날 수 있는 기회를 제공할 수 있다는 논리가 성립된다. Fast pyrolysis공정의 장점이며 바로 이러한 원리에 입각하여 고분자 물질의 분해에 의한 1차 생성물에 대하여 적절한 온도조건에서 초단위의 극히 짧은 체류시간을 제공함으로써 액상생성물의 회수율을 극대화 할 수 있도록 고안된 공정이다.

③ Bio-oil 특성

Bio-oil의 성분은 무엇보다 투입한 시료에 따라서 근본적으로 달라지며, 같은 시료를 사용한 경우라도 반응온도, 체류시간, 반응속도(heat transfer rate) 및 응축방법 등 공정조건에 따라서도 달라진다. 바로 이러한 원리 때문에 Bio-oil은 다양한 특성을 나타낼 수 있다. 따라서 하나의 표준화된 기준으로 품질을 평가하는 것은 어려운 일이다. Bio-oil은 아직까지 전통적인 연료에 있어서의 표준화된 평가방법과 기준에 해당하는 방법이 완전히 확립되지는 못한 상태이다. 현재로서는 보일러, 노(furnace), 엔진 등에서 연소를 목적으로 하는 경우에 있어서의 주요한 특성이 되는 밀도, 점도, 표면장력, 발열량 등에 대하여서는 알려지고 있지만, bio-oil에 함유된 char의 함량이나 char particle의 크기, 회분의 함량 등 그 밖의 여러 특성들이 Bio-oil의 품질에 미치는 영향에 대해서는 아직도 연구가 진행되고 있다.

Bio-oil의 특성에 영향을 미치는 중요요소

- Feed material의 characteristics
- Pyrolysis process parameters
- Liquid collection parameters
- 높은 산소함량
  - high viscosities
  - high boiling points
  - relatively poor chemical stability
  - hydrophilic character
    hydrocarbon solvent

<표3-16> Bio-oil의 특성에 영향을 미치는 중요요소

Bio Oil characteristics	Pine/Spruce 53/47	Bagasse
pH	2.4	2.6
Water Content (wt%)	23.4	20.8
Methanol Insolvable Solids (Lignin Content, wt%)	24.9	23.5
Solids Content (wt%)	<0.10	<0.10
Ash Content (wt%)	<0.02	<0.02
Density (kg/L)	1.19	1.20
Low Heating (MJ/kg)	16.4	15.4
Kinematic Viscosity (cSt at 20℃)	40	50
Kinematic Viscosity (cSt at 80℃)	6	7

바이오 오일은 암갈색이고 산화처리된 혼합물로 유동성의 액체이다. 연료로써 바이오 오일은 이산화탄소 중성자처럼 간주되고 연소될 때 실제로 어떠한 아황산가스(SOx)도 방출하지 않으며 낮은 이산화질소(NOx)를 방출한다.

바이오 오일의 밀도는 1.2kg/l 로 높다. 무게 기준으로 heating value는 디젤과 비교했을 때 약 40% 정도이다. 양을 기준으로 하면 heating value는 디젤의 가열적 가치의 약 55%이다.

바이오 오일은 에탄올과 메탄올과 같은 알콜과 섞일 수도 있다. 그러나 탄화수소와는 섞일 수 없다.

④ Bio-oil의 화학적 구성

바이오 오일은 카르보닐기, 카르복실기 그리고 페놀과 같은 다양한 화학적 기능성 그룹을 포함하는 산화된 액체 혼합물이다. 바이오 오일은 아래 구성요소들로 구성된다.

· 20-25% water
· 25-30% water insoluble pyrolytic lignin
· 5-12% organic acids
· 5-10% non-polar hydrocarbons
· 5-10% anhydrosugars
· 10-25% other oxygenated compounds

바이오 오일은 폭넓은 분자량 분포를 가지고 수백개의 다른 화합물을 포함한다. 즉, aldehyde, carboxylic acids, carbohydrates, alcohols, ketones, furfural, phenols 등이 주요한 성분을 이루고 있는 것으로 알려져 있다. 더불어 Bio-oil에는 시료자체에 존재하던 수분과 열분해반응으로 생성된 수분이 상당량 함유되어 있어서 단일성분으로는 양적으로 가장 많은 부분을 차지한다. 따라서 Bio-oil은 보통의 석유계 연료와 잘 섞이지 않는 특성을 가지고 있다. 이외에도 낮은 pH, 미세 char 입자의 분산, 상대적으로 높은 밀도와 점도 등 여러가지 면에서 화석연료와는 차별화되는 특성을 가지고 있다.

⑤ 바이오 오일의 환경적 이점

바이오 오일은 소위 'green power' 발생, 수송, 그리고 지역난방을 위해 화석연료를 대체하기 위한 깨끗하고, 경제적이고, 대안적인 액체연료가 될 수 있다. 청정연료로써 바이오 오일은 석유에 근거하는 화석연료보다 많은 이점을 가지고 있다.

· SOx(아황산가스)를 방출하지 않는다.
· CO_2 중성자 – 바이오 오일은 유기적 폐기물로 제조되었기 때문에 바이오 오일은 온실가스 중성자로 간주되는 CO_2를 발생할 수 있다.
· 낮은 NOx – 바이오 오일 연료는 연소될때 디젤연료가 방출하는 NOx양의 약 50%를 방출한다.
· 재생할 수 있고 지역적으로 생산된다.

–바이오 오일은 톱밥, 수피, 사탕수수찌꺼기와 같은 목질폐재와 농업 폐기물로부터 생산된다. 많은 산업 또는 농업 폐기물과 그리고 수입된 화석에너지에 크게 의존하는 시점에서 바이오 오일은 에너지가 부족하고 많은 사람들이 수요에 대한 공급의 접근이 없을 때 중요한 이점을 가진다.

바이오 오일은 지방고유의 폐기물로부터 생산될 수 있기 때문에 바이오 오일은 지역적으로 직업을 창출하고 수입에너지의 비용을 대신함으로써 경제적으로 그리고 환경적으로 중요한 영향을 미친다.

제8절 21세기와 목재산업

인간성 회복과 새로운 산업형태의 혁명을 부르짖던 13~14세기부터 유럽에서 시작된 소위 르네상스시절 인간생활의 문화적, 정신적 그리고 물질적 대변혁의 세계 역사 이후, 인류의 생활은 물질적 생활의 개선에 보다 많은 진보와 발전을 이룩하여 왔으나, 이 물질적 생활의 풍요를 문화적 그리고 정신적 생활과 병행하여 발전시키지 못하고 결국 오늘날 "황금만능의 시대"를 열게 되므로 정신생활의 황폐화는 사회의 각종 범죄나 질병을 유발하게 되었으며 공동생활의 도덕성이 무너져 국가와 국가사이, 사회와 사회사이 그리고 심지어 개인과 개인사이의 더불어 살 수 있는 토양을 스스로 무너뜨려, 전혀 회복이 불가능한 자연환경의 오염은 한계 상황을 넘어 심각한 질병상태에 빠진 것이 어제 오늘의 일은 아니다. 늦게나마 인류가 그리고 이 지구촌이 자각하여 물질적 풍요와 더불어 정신적, 도덕적 그리고 문화적으로 희망을 가지고 회복하는 길을 찾는 도리밖에 없다고 본다.

여기서 목재산업이란 근본적으로 목재를 수단으로 하여 새로운 물질적 부가가치를 높이는 산업만을 의미하는 것은 아니다. 물론 목재의 부가가치를 높이는 산업임에는 틀림없으나 물질적 부가가치에 앞서 21세기가 안고 있는 이 지구촌의 문제 즉 홍수, 가뭄, 오존층의 파괴로 인한 대기권 온도의 상승, 그리고 산소의 결핍과 지구상에서 끊임없이 발생하는 여러 종류의 환경오염 물질 그 결과 발생하는 피부병을 비롯한 각종 질병등 이루 헤아릴 수 없는 중증의 이 아름다운 지구를 살리는 길은 오로지 풍부한 식물 바이오매스, 그 중에서도 산림자원의 확보 이외는 별 대책이 없는 현실에서 이러한 산림자원의 확보만이 석유자원이 지금까지 지니고 있던 기능과 역할을 대신하리라 확신한다.

이러한 심각한 지구촌의 중병, 국가와 국가 사이의 이기주의로 인한 극심한 갈등 현상, 그리고 천연 및 지하자원의 확보를 위한 쟁탈전 등의 이 모든 문제를 목재 산업(Lignocellulosic Biomass Industry)이 해결 할 수 없을 지라도 상당수의 이 지구촌의 중병과 갈등 해소에 큰 역할을 하리라고, 지금까지의 여러분에게 피력한 내용을 통해 확신하는 바이다.

신 임산공학 개론의 집필을 마감하면서, '21세기와 목재' 에 대한 다음 페이지의 토론 ISSUES의 질문에 대한 여러분 스스로가 옳은 해답을 찾았으면 새로히 전개되어야 하는 임산공학 분야의 연구와 이 학문 분야를 추구하는 연구자 및 후학들의 미래는 매우 희망적이며 밝다고 생각하며 이 장章을 마감할까 한다.

☺ 토론 ISSUES

1. 본장에서 석유에 대체되는 자원으로 목질바이오매스(lignocellulosic biomass)를 추천하였는바, 목질바이오매스가 석유에 대체될 수 있는 자원이라면 어느 정도 수준에서 가능할지? 어떤 지구촌의 환경일 때 가능할지? 그리고 시기적으로 언제쯤 가능할 것인가?

2. 지구온난화현상과 지구상에 존재하는 목질바이오매스와의 상관관계는 무엇이며, 그 역할은 무엇인가?

3. Renewable한 목질바이오매스의 유전자 변형을 통해 첫째, 석유자원에 대체되는 자원으로, 둘째, 지구온난화현상과 공해물질로 찌든 지구촌의 환경을 유전자 변형 물질바이오매스가 이들 문제들을 해결할 수 있다고 보는가? 해결 한다면 언제쯤이 될 것인가?

4. 지구촌 오존층의 파괴에 의한 지구 온난화 현상, 지구의 산소 부족 현상 그리고 자외선의 대량 유입에 의한 각종 피부 질병의 치유는 지구촌의 모든 일류가 합심하여 목질 바이오매스(lignocellulosic biomass)의 재식수(replantation)사업으로 가능 하겠는가? 가능하다면 어떻게 가능하겠는가?

5. 하느님이 인간에게 준 천혜의 물질은 석유와 석탄인바 이들 물질의 고갈은 50년후 좀 길어진다면 70~80년 후 라고 예측하는 바, 21세기가 다 가기 전에 이 지구촌의 모든 인류는 이 숙명적 새로운 대체자원의 발굴이라는 현실을 맞이할 것이며, 그 때 이 대체자원은 목질 바이오매스(lignocellulosic biomass)가 될 것이라는 수강자 각 개인은 어떤 생각인지?

6. 우리나라의 목질 바이오매스 또는 목재산업의 현상황은 어떠하며, 선진국이 되기 위해서 우리나라의 이 산업은 어떤 대책을 세워야 한다고 생각하는가?

참고문헌

1. Assarsson, A. (1969). Changes in resin during wood stroage. *Sven. Papperstidn.* 72, 304~311. (In Swed.)

2. Back, E. (1969). Wood−anatomical aspects on resin problems. *Sven. Papperstidn.* 72, 109~121. (In Swed.)

3. Browning, B.I. (1967). "Methods of Wood Chemistry", Vol. 1 Witey(Interscience), New York.

4. Clayton, R.B. (1970). The chemistry of nonhormonal interactions: Terpenoid compounds in ecology. *In* "Chemicalll Ecology" (E. Sondheimer and J.B. Simeone, eds.), pp.235~280. Academic Press, New York.

5. Erdtman, H. (1973). Molecular taxnonmy. *In* "Phytochemistry" (L.P. Miller, ed.), Vol. 3, pp.327~350. Van Nostrand−Reinhold, New York.

6. Hillis, W.E., ed. (1962). "Wood Extractives and Their Significance to the Pulp and Paper Industry". Academic Press, New York.

7. Kimland, B., and Norin, T. (1972). Wood Extractives of common spruce, Picea abies(L.) karst. *Sven. Papperstidn.* 75, 403~409.

8. Lindgren, B., and Norin, T. (1969). The chemistry of resin. *Sven. Papperstidn.* 72, 143~153. (In Swed.)

9. Miller, I.,P., ed. (1973). "Phytochemistry", Vol. 2. Van Nostrand−Reinhhold, New York.

10. Alen, R., Patja, P., and Sjustrom, E. (1979). Carbon dioxide precipitation of lignin from pine kraft black liquor. *Tappi* 62(11), 108~110.

11. Ander, P., and Eriksson, K.−E. (1978). Lignin degradation and utilization by micro−organisms. *Prog. Ind. Microbiol.* 14, 1~58.

12. Andersen, R.F. (1979). Production of food yeast from spent sulphite lqiuor. *Pulp Pap. Can.* 80(4), 43~45.

13. Bansal, I.K., and Wiley, A.J. (1974). Fractionation of spent sulphite liquor using ultrafiltration cellulose acetate membranes. *Environ. Sci. Technol.* 8, 1085~1090.

14. Bansal, I.K., and Wiley, A. J. (1975). Membrane processes for fractionation and concentration of spent sulfite liquors. *Tappi* 58(1), 125~130.

15. Bar−Sinai, Y.L., and Wayman, M. (1976). Separation of sugars and lignin in spent sulfite liquor by hydrolysis and ultrafiltration. *Tappi* 59(3), 112~114.

16. Bicho, J.G., Zavarin, E., and Brink, D.L. (1966). Oxidative degradation of wood. II. Products of alkaline nitrobenzene oxidation by a methylationgas chromatographic technique. *Tappi* 49, 218~226.

17. Bratt, L.C. (1979). Wood–derived chemicals: Trends in production in the U.S. *Pulp Pap.* 53(6), 102~108.

18. Collins, J.W., Boggs, L.A., Webb, A.A., and Wiley, A.A. (1973). Spent sulfite liquor reducing sugar purification by ultrafiltration with dynamic membranes. *Tappi* 56(6), 121~124.

19. Compere, A.L., and Griffith, W.L. (1980). Industrial chemicals and chemical feedstocks from wood pulping waste waters. *Tappi* 63(2), 101~104.

20. Counsell, J,N., ed. (1977). "Xylitol." Applied Science Publ., London.

21. Eriksson, K.–E. (1980). Development of biotechnology within the pulp and paper industry. *Int. Congr. Pure Appl. Chem. (IUPAC), 27th, Helsinki. pp. 331~337.* Pergamon, Oxford.

22. Dsser, M.H., ed. (1979). *Annu. Lightwood Res. Conf. Proc., 6th, Atlanta*, Ga. Southeast. For. Exp. Stn., Asheville, North Carolina.

23. Forss, K. (1974). Possibilities of developing chemical products from spent sulphite liquors. *Pap. Puu* 56, 174~178.

24. Forss, K., and Fuhrmann, A. (1976). KARATEX–the lignin–bassed adhesive for plywood, particle board and fibre board. Pap. Puu 58, 817~824.

25. Forss, K., and Passinen, K (1976). Utilization of the spent sulphite liquor components in the Pekilo protein process and the influence of the process upon the environmental problems of a sulphite mill. *Pap. Puu* 58, 608~618.

26. Frank, E., Hirschberg, H.G., and Pfeiffer, H.J. (1976). Hydrolysis of natural fibrous materials. *"Achema 76"* Spec. No., pp. 1~11.

27. Goheen, D.W. (1971). Low molecular weight chemicals. *In* "Lignins" (K.V. Sarkanen and C.H. Ludwig, eds.), pp. 797~831. Wiley(Interscience), New York.

28. Goldstein, I.S. (1980). New tecchnology for new uses of wood. *Tappi* 63(2), 105`108.

29. Hergert, H.L., Van Blaricom, L.E., Stein berg, J.L., and Gray K.R. (1965). Isolation and properties of dispersants from Western Hemlock back. *For. Prod. J.* 15, 485~491.

30. Herric, F.W., and Hergert, H.L. (1977). Utilization of chemicals from wood: retrospect and prospect. The structure, biosynthesis and degradation of wood. *Recent Adv. Phytochem.* 2, 443~515.

31. Holmbom, B. (1978). Constituents of tall oil. A study of tall oil processes and products. Ph. D.

Thesis, Univ. of Abo, Abo, Finland.

32. Hoyt, C.H., and Goheen, D.W. (1971). Polymeric products. In "Lignins" (K.V. Sarkanen and C G. Ludwig, eds.), pp.833~865. Wiley(Interscience), New York.

33. Ivermark, R., and Jansson, H. (1970) Recovery of tall oil from kraft pulp mills. Scen. *Papperstidn.* 73, 97~102. (In Swed.)

34. Kahila, S.K. (1971). Tied, quality and composition of crude tall oil. *Kem. Teal.* 28, 745~756. (In Finn.)

35. Kent, J.A., ed. (1974). "Riegel's Handbook of Industrial Chemistry," 7th ed. Van Nostrand-Reinhold, New York.

36. Kringstad, K. (1977). "Forest Industry By-Products as Raw Material for Chemicals and Proteins," Rep. No. 65. Swed. Agency. Tech. Dev., Stockhom. (In Swed.)

37. Kringstand, K. (1980). The challenge of lignin. *In* "Chemrawn I," IUPAC, pp.627. Pergamon, Oxford.

38. Maloney, G.T. (1978). "Chemicals for Pulp and Wood Waste. Production and Application." Noyes Data Corp., Park Ridge, New Jersey.

39. Perret, J.-M., Garceau, J.J., Pineault, G., and Lo, S.-N.(1976). Treatment of spent bisulfite liquor by the technique of ion-exclusion. *Pulp Pop. Can.* 77(11), 107~110.

40. Roger, I.H. Manville J.R., and Sahota, T. (1974). Juvenile hormone analogs in conifers II. Isolation, identification, and biological activity of cis-4-[1'(R)-5'-dimethyl-3'-oxohexyl]cyclohexane-1-carboxylic acid and(+)-4(R)-5'-dimethyl-3'-oxohexyl]-1-cycl-ohexene-1-carboxylic acid from Douglas-fir wood. *Can. J. Chem.* 52, 1192~1199.

41. Rychtera, M.,Barth, J., Fiecter, A., and Einsele, A.A (1977). Several aspects of the yeast culcivation on sulphite waste liquors and synthetic ethanol. *Process Biochem.* 12(2), 26~30.

42. Rydholm, S.A. (1965). "Pulping Processes." Wiley(Interscience). New York.

43. Seidl, R.R. (1980). Energy from wood: A new dimension in utilization. *Tappi* 63, 26~29.

44. Simard., R.E., and Cameron, A. (1974). Fermentation of spent sulphite liquor *by Candida vtilis. Pulp Pap. Can.* 75, Convention Issue, 107~110.

45. Slama, K., Romanuk, M., and Sorm, F. (1973). "Insect Hormones and Bio-analogues," pp.90~275. Springer-Verlag, Berlin and New York.

46. Soltes, E.I. (1980). Pyrolysis of wood residues. A route to chemical and energy products for the forest products industry? *Tappi* 63(7), 75~77.

47. Tillman, D.A. (1978). "Wood as an Energy resource." Academic Press, New York.

48. Timell, T., ed (1975). "Wood Chemicals – A Future Challenge." Vol. 1, Applied Polymer Symposium, No. 28. Wiley(Interscience), New York.

49. Weiss, D.E. (1979). Energy from biomass. *Appita* 33, 101~110.

50. Wiley, A.J., Scharpf, K., Bansal, I., and Arps, D. (1972). Reverseosmisis concentration of spent liquor solids in press liquors from high–density pulps. *Tappi* 55, 1671~1675.

51. Hall, D.O. and R.P. Overend, 1987, Biomass Regenerable Energy, John Wiley and Sons.

52. Cheremisioff. N.P., 1980, Wood for Enetgy Production, Ann Arbor Science.

53. Wilke, C.R., 1974, Cellulose as a Chemical and Energy Resource, John Wiley & Sons.

54. Tillman, D.A., 1978, Wood as an Energy Resource, Academic Press.

55. Saknen, K.V., Tillman, D.V. and E. C. Jahn, 1982, Progress in Biomass Conversion Vol Academic Press.

56. Tillman, D.V. and E. C. Jahn, 1983, Progress in Biomass Conversion Vol. 4, Academic Press.

57. Smith, W.R., 1982, Energy from Forest Biomass, Academic Press.

58. Chartier, P. and W. Palz, 1981, Energy frome Biomass, D. Reidel Publ.

59. Hiser, M. L., 1977, Wood Energy, Ann Arbor Science.

60. Lowen, M. Z., 1985, Energy Applications of Biomass, Elsevier Applied Science Publ.

61. 志水一允외 11名, 1991, 水質バイオマスの 利用技術, 文永堂出版.

62. 日本農業化學會 編, 1988, バイオマス, 朝倉書店.

63. 鈴木周一, 1984, バイオマスによる燃料・化學原料の開發技術資料成

64. 原口降英외 9名, 1985, 木村の化學, 文永堂.

65. 中野三외 3名, 1983, 木村化學, ユニ出版社.

66. Allen, A., 1983, Enzymatic hydroysis of cellulose to fermaentable sugars. In : D. L. Wise(ed.), Liquid Fuel Developments, pp. 49~64. CRC Press, Boca Raton, FLA.

67. Chang, C.D., 1983, Hydrocarbons from Methanol, Marcel Dekker, New York and Basel.

68. Chornet, E., and Overend, R.P, 1985, Biomass liquefaction : prospects and problems. In : H. Egneus and A. Ellegard(eds.) Bioenergy 84. Volume 1 : Bioenergy State of the Art. pp.276~296. Elsevier Applied Science Publishers, London.

69. Colord, A. R., and Bery, M. K., 1983, Production of ethanol and chemicals from wood by the Georgia Tech process. In : D. L. Wise(ed.), Press, Boca Raton, FLA.

70. Chum, H.L. et al., 1985, The econmic contribution of lignins to ethanol production from biomass. SERI/TR−231−2488. Solar Energy Reseaarch Institute. Golden, Colorado. 80401

71. ENFOR C−258, 1984, A Comparative Assessment of Forest Biomass Conversion to Energy Formas in 10 volmes. Energy Mines and Resources, Ottawa, Canada.

72. Fengel, D., and Wegener, G., 1984, Wood : Chemistry, Ultrastructure, Reactions. Walter de Gruyter, Berlin and New York.

73. Herrick, F. W., and Hergert, H.L., 1977, Utilization of chemicals from wood : retrospect and prospect, pp. 443~515., Plenum Publishing Corporation, New York.

74. Johnson, R.C. et al., 1983, Chemicals from Wood : The Policy Implicstions of Federal Subsidy, Vol II., MTR−83 W2−02, MITRE Corporation for NSF, Maclean, VA.

75. Kaufman, J. A., and Weiss, A.H., 1975, Solid waste conversion : collulose liquefaction. NTISPB 239509, Report No. EPA−670/2−75−031, p.203.

76. Levy, P.R., et al., 1983, Alkne liquid fuels production from biomass. In : D.L. Wise(ed.), Liquid fuel Developments, pp. 159~188. CRC Press Boca Raton, FLA.

77. Mednic, R. L., Stern, K. M., and Weiss, L. H., 1984, Technology and economics of chemicals from wood. In : D.L. Wise(ed), Bioconversion Systems, pp. 11−140. CRC Press, Boca Raton, FLA.

78. National Energy Administration, 1985, IEA forestry energy project : A study of al biomass liquefaction test facility. Statens Energiverk, Sweden.

찾아보기

가

가수분해 118
가수분해리그닌 120
가스화장치 167
강화마루 45
거푸집용합판 29
건식압축법 33
건조공정 35
검사공정 36
고유가시대 160
고형연료 159
고해 73
교토협약 128
그린하우스 128
근채류 154
근태시공마루 46
글루코오즈 61, 89
글리세리드 138
글리콜 151

나

농약관계 119
농황산 리그닌 114
뉴질랜드 28
니트로 셀룰로오즈 102

다

다포 14
단판 27
단판적층재(LVL, PLV) 38
단환 페놀류 148
당질계 160
당화 160
당분 159
도공공정 76
도료 98
도포공정 35
디메틸설폭사이드(DMSO) 87, 150
디메틸설피드 150
디소시아네이트 150
디카본산(PDC) 154

라

라돈 129
라미네이트마루(강화마루) 45
라텍스 140
러시아 28
레조시놀수지 152
레졸타입 116
Lycocell섬유 96
로진 142
리그놀설폰산 113
리그놀프로세스 114, 146
리그난류 139
리그닌 59, 110
리그닌에폭시드 151
리그로설포네이트 143
리놀산 142
리파이너기계펄프(RMP) 66

마

마그네파이트법 69
마루재 39
말레이지아 28
Madison법 119
매크로파아지 155
멜라민수지 28
메탄가스 164
메탄화이론 113
메틸DOPA 116
목적설 13
목본식물 13
목조문화재 22
목재당화방법 179

목재터펜타인 141
목재화학펄프화 155
목질계 179
목화 59
무기질 결합제보드 37
무주공산
무수당 162
미세조류 159

바

바닐린 112
바닐린산디에틸아미드 113
바닐린산아미드 113
바닐린산에스테르 113
바닐린유도체 113
바이오매스 129
바이오디젤 159
바이오매스액화기술 159
바이오액체연료 159
바이오에탄올 159
바이오수소 159
바이오알콜 159
Bio-oil 184
바이오테크놀로지 160
박판상 43
박피공정 35
반기계펄프 67
반화학펄프 67
발삼 140
벌출업 14
배당체 138
배양기술
배할가공 47
배향성 스트랜드보드 37
변성리그노설폰산 117
변이주의 개발 182
봉건임야제도 15
부가가치 14
북해도법 119
분말소화제 117
분산제 115
불활성기체 180
비료용바이더 115
비스코스레이온 90

사

사이징 73
사유림 16
삭편판 37
산림정책 17
삼림국 18
산림보호임시조치법 20
산림휴양림 136
산택사 17
산촉매반응 118
산크로라이드 화합물 154
삼림 13
상승조성분 187
상향배출식 169
석영관형반응 172
석유자원 158
석유화학제품 138
석탄산수지 152
석탄의액화 167
설파이트터펜타인 141
섬유판 32
성형공정 35
세포배양 166
셀룰로오즈 58
소나무재선충 134
소다안트라퀴논 70
소련법 119
Sawmill산업 26
솔보리시스법 153
쇄목해섬법 33
수지산 142

수축율
스트랜드보드 37
페슬러리폭약제조 117
습식압축법 33
시멘트분쇄조제 149
시린길형 113
시린길알데히드 113
CMC 106
CO_2중성자 189

아

아까시나무 133
에비에틱산형 142
아세테이트섬유 94
아세토바닐론 113
아황산펄프 69, 149
알칼리축전지 117
에탄올발효 182
암수쪽매 46
α-테르피네올 141
α-피넨 141
양수원 14
SNG 178
SP페액리그닌 114
HDF 46
에스테르화 103
에틸셀룰로오즈 151
에폭시수지 159
FOA 32
NOx 188
LVB 29
LVL 29
연마공정 36
연축전지 117
연축전지세파레타 117
열기계적해섬법 33
열기계펄프(TMP) 67
열압공정 36
염소유도체 115
영조사 15
오탄당 106
온돌마루 40
온실가스 158
올레오레진 140
완공공정 72
요소수지 15, 159
요소-포름알데히드수지
용해 64
원목마루 41
원시농경 15
원적외선 129
웨이퍼보드 37
유기고분자 화합물 179
유기용매증해법 70
유산 142
유지작물 159
육림업 22
음극판방축제 117
이균주 179
이소프레노이드 138
이수조접제 149
인조섬유 90
일균주 179
임도
임총설 13
임야사점현상 16
임야등기제도 19
임야정리사업 19

자

자연휴양림 136
Giordani법 119
자일로 107
자일리톨 107
잔사리그닌 143
장선시공마루 46

장해인자 179
재단공정 36
재생가능자원 160
재축합반응 185
저페놀성물질 118
전분질계 160
전분작물 159
전처리법 179
점결제 115
정착시공 32
접착식마루 46
접착제 28
정선 74
정치사 17
제지 71
조림사업 17
조성공정 72
조직배양 165
종묘업 14
중공섬유 91
중밀도 섬유판 33
중합도 59
증해 61
지중연속벽공법 150
지적설 13
집성목 36

차

착색 74
천연광택제 140
천연리그닌 153
천연화합물
청정자원 160
초조법 33
초지공정 74
촉매반응
추출성분 67, 138
충전 73
칠레 28
채종유 159

카

카르보닐 114
카르복실화리그닌 151
카테콜류 145
칼슘및 마그네슘베이스 리그닌제품 115
KP리그닌 116
코라민 116
콜로이드축전지 117
Compreg wood 48
크라프트펄프 67
클레졸 114, 151
클라손리그닌 151

타

탄닌 139
탄소섬유 116
탈리그닌화 61
태고합판 29
터펜타인 141
테르페이노이드류 140
테르펜 140
테르펜성분 129
테르펜유 141
TENCEL 96
토양개량제 115
토질안정제 114
톨유 142
트리메톡시벤즈알데히드 113
트리이진 115
특수임산물 138
T-DNA벡터 157
티오리그닌 143

파

Pinegum 140
파쇄공정 35
파티클보드 37
Fast Pyrolysis 184
팽윤 64
펄프 65
페놀류제조 113
페놀지방산 139
페닐하이드라진 106
페액리그닌 148
포도송이법규 129
폭쇄해섬법 33
폴리에스터 154
폴리에스테르용분산염료 116
폴리염화비닐수지 117
표면단판 42
푸르프랄 알콜 109
프로토카테큐산 113, 153
프리게트제조 117
플라보노이드류 141
플레이크보드 37
피마릭산형 142
PVC 39
피톤치드 129
P-하이드록시페닐형 113

하

하향배출식 169
합성대체에너지가스 171
합성피네올 141
합판 28
합판마루 43
항염증제 150
해리 73
해섬공정 35
핵사메틸렌디아민 153
헤미셀룰로오즈 59
현가식마루 146
화학적증해법 178
화학펄프 67
활성탄제조법 116
황화소다 150
회수단백질 150
효소법 119
후판상 43
희황산고온법 119